何以名城

国家历史文化名城保护制度研究

王永和 著

法律出版社
北京
LAW PRESS·CHINA

图书在版编目(CIP)数据

何以名城：国家历史文化名城保护制度研究 / 王永和著. -- 北京：法律出版社，2024
ISBN 978-7-5197-8721-9

Ⅰ. ①何… Ⅱ. ①王… Ⅲ. ①文化名城－保护－研究－中国 Ⅳ. ①TU984.2

中国国家版本馆 CIP 数据核字(2024)第 017818 号

何以名城
——国家历史文化名城保护制度研究
HEYI MINGCHENG
—GUOJIA LISHI WENHUA MINGCHENG BAOHU ZHIDU YANJIU

王永和 著

策划编辑 肖 越
责任编辑 肖 越
装帧设计 汪奇峰

出版发行 法律出版社
编辑统筹 法商出版分社
责任校对 李慧艳
责任印制 胡晓雅
经　　销 新华书店

开本 A5
印张 4.75　字数 94 千
版本 2024 年 3 月第 1 版
印次 2024 年 3 月第 1 次印刷
印刷 天津嘉恒印务有限公司

地址：北京市丰台区莲花池西里 7 号(100073)
网址：www.lawpress.com.cn
投稿邮箱：info@lawpress.com.cn
举报盗版邮箱：jbwq@lawpress.com.cn
销售电话：010-83938349
客服电话：010-83938350
咨询电话：010-63939796

书号：ISBN 978-7-5197-8721-9　定价：48.00 元
凡购买本社图书，如有印装错误，我社负责退换。电话：010-83938349

作者简介

王永和

华东师范大学博士研究生毕业，北京大成（苏州）律师事务所律师，兼任华东师范大学立法与法治战略研究中心研究员、华东师范大学党内法规研究中心研究员、苏州市人民政府行政立法专家库成员、国家律师学院客座教授等社会职务。王律师多年来受相关政府部门委托，开展《苏州国家历史文化名城保护条例》《宿迁市旅游促进条例》《苏州市江南水乡古镇保护办法》《苏州市古村落保护条例》等地方性法规、政府规章的主笔起草和修订工作。主持开展了《江苏省太湖风景名胜区管理条例》《苏州市旅游条例》《苏州市历史文化名城名镇保护办法》等三十余部法规、规章和规范性文件的立法后评估工作。

序

中国有着悠久的历史文明,“九朝古都”“六朝古都”并不鲜见。这些城市保留了大量的历史文物与革命遗产,体现了中华民族悠久的历史和光辉灿烂的文明。从全国范围看,名城保护制度的确立,改变了以往单点文物保护的局面,开启了地方历史文化名城整体保护的新局面。不少城市以此为契机建立起了比较完善的名城保护制度,有效地保护了当地的物质和非物质文化遗产。虽然被认定为历史文化名城后,各名城不同程度地建立了名城保护制度,但是对制度理解的偏差和制度理念的落后、名城保护制度和城市发展制度之间的不协调等,导致了部分城市保护制度效果大打折扣,保护成效不容乐观。部分城市将历史文化名城保护等同于文物保护,古城中高楼耸起,文物保护单位被现代化都市淹没,丧失了历史文化名城风貌;部分城市不能很好地协调经济发展与历史文化名城保护的关系,为了通过保护促进当地经济发展,实施了大量以保护为名但保护制度、措施却实为城市开发的行为,造成了很多以保护为名的城市破坏;还有部分城市施行全面静态的保护策略,城市经济发展受限,导致城市衰落。名城是历史文化遗产的集中之地,也是当地文脉的重要载体;对其保护的成功与否,直接决定了优秀传统文化的传承的成败,是建立文化自信的重要保障。习近平总书记在2023年考察苏州的时候对当地负责的同志讲,平江历史文化街区是传承弘扬中华优秀传统文化、加强社会主义精神文明建设的宝贵财富,要保护好、挖掘好、运用好,不仅要在物质形式上传承好,更要在心里传承好。制度建设最终的落脚点就是制度文化的发展,从保护制度的约束,转向人人树立保护理念,名城保护才能够得以持续,名城才能真正与普通人的生活融为一体。

本书的内容是基于对这些年开展的各项名城保护立法、制度建设工作留下的材料和平时学习生活的积累进行的制度梳理和案例研究,主要是为了从制度发展的角度去探寻和解释历史文化名城为什么可以延续。因为笔者生于名城苏州,也就主要使用了苏州的案例来解释为什么是苏州成为名城保护的典范,其名城保护制度究竟有哪些值得借鉴的地方。由于本书并非一本历史学著作,所以很多材料大多不是档案原稿。在我国,研究历史文化保护和名城保护的专家学者很多,很多人在名城保护方面都有着非常深刻的洞见。笔者写作时也常怀惴惴之心,生怕自己的浅见被广大专家学者所不屑;但生于名城的自己,还是对名城保护充满着热爱,以至于希望投入毕生之精力真正为名城保护作出一些贡献。

目　录

第一章　当代历史文化名城保护制度与实践

第一节　中国国家历史文化名城保护机构沿革和制度演进

一、国家历史文化名城保护制度的确立

1982年，为了保护历史城市免受破坏，《文物保护法》（以下简称1982年《文物保护法》）正式确立了历史文化名城保护制度①。截至目前，国务院累计认定了142座历史文化名城。按照城市规模②，历史文化名城大体可以分为三类：第一类是直辖市，包括北京、上海、天津、重庆；第二类是

① 参见1982年《文物保护法》第8条规定，保存文物特别丰富、具有重大历史价值和革命意义的城市，由国家文化行政管理部门会同城乡建设环境保护部门报国务院核定公布为历史文化名城。

② 具体划分方式参见国务院《关于调整城市规模划分标准的通知》（国发〔2014〕51号）。

省会城市、大型(特大型)城市,包括南京、济南、杭州、徐州、苏州等;第三类是中小型城市,包括平遥、景德镇、丽江等。按照名城主要历史特色和文化遗产的状况,历史文化名城又可分为古都型、传统风貌型等七类(见图 1-1)。

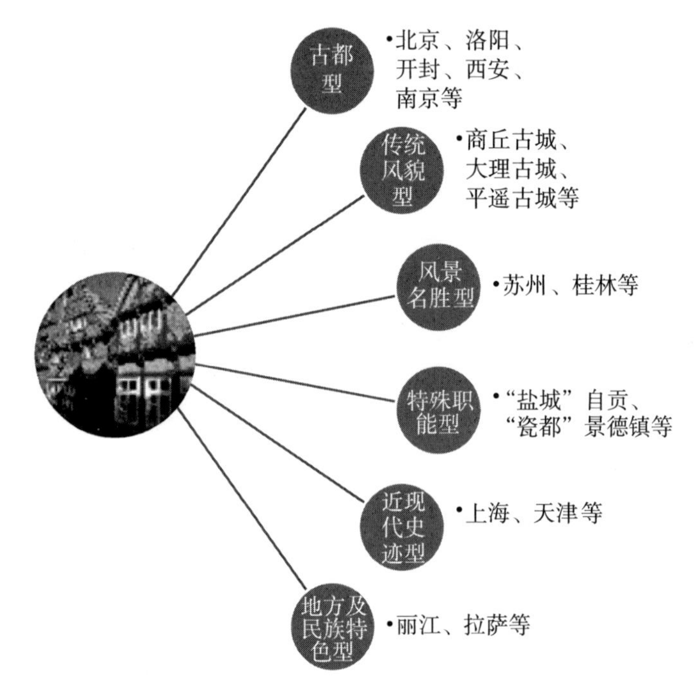

图 1-1　历史文化名城类型

类型丰富、格局各异、风貌万千的历史文化名城,是中国传统文化发展延续的重要基点;这 100 多座历史文化名城,作为中国城市文明的历史高度与未来发展的共同见证,也成了中华传统历史文化遗产。

二、历史文化名城保护制度的发展

中国对于历史文化遗产的保护始于对文物单体的保护，可以追溯到20世纪初，1906年清政府就颁布了《保存古物推广办法》，1908年民政部发布文告要求各省调查古迹。辛亥革命后，1916年北洋政府民政部颁发《为切实保存前代文物古迹致各省民政长训令》和《保存古物暂行办法》，并发出《通咨各省调查古迹列表报部》文告。南京国民政府成立后，于1928年设立中央古物保管委员会，1929年发布《名胜古迹古物保存条例》，1930年制定中国历史上第一部《文物保护法》。近代以来，民间的历史文化名城保护活动也非常活跃，如苏州市民成立市民公社和吴中保墓会，自发开展城市遗产保护工作。

新中国成立后，名城保护制度经历了一个曲折进步、不断完善的过程。从制度发展上，名城保护制度的发展可分为三个大的阶段。第一阶段为新中国成立初期。这一时期主要为制度萌芽期，国家文物保护制度初步建立，名城保护相关政策和法规已见端倪，名城保护制度雏形基本建立，“文革”开始后这一进程被打断。新中国成立初期与历史文化名城保护制度有关的制度早期大多体现在一些重要文件中，主要包括：1956年6月发布的《城市规划编制暂行办法》，明确了城市规划保护的原则，是后期历史文化名城保护规划立法的雏形。习仲勋（时任政务院秘书长）连续签发了中央人民政府政务院《关于在基本建设工程中保护历史及革命文物的指示》（[53]政文习字24号）等重要政令,主要关注在生产建设过程中文物的保护,其中已包含了历史文化名城保护的内容,[①]体现了新中国成立初期中央对城市建设可能破坏历史遗迹的担心,是最早期的名城保护制度规范。1961 年公布了具有里程碑意义的《文物保护管理暂行条例》,提出了文物保护的原则和方法等。

这一时期文物保护制度正式建立。[②] 按照中央的规定,1956 年起各地纷纷开展文物普查,全国范围内开始陆续确立文物保护单位(以下简称文保单位)。文保单位制度自此发端,奠定了我国文物分级分类保护的基础,也建立了名城保护制度的雏形。一方面,文保单位分级分类保护制度在对名城保护方面具有重要的意义,由于国家级文保单位认定后有相应的保护要求,很多名城内的代表性文物得以保存,如南京城墙、西安城墙等均是在被认定为文物后得以保存。另一方面,也是因为分级分类保护,一些级别不高、价值不大的文物,如单独来看价值不大但整体上能体现历史风貌和价值的传统民居、城墙等,在未被列入文保单位的情况下被拆除毁损。

这一时期对历史文化名城保护影响比较大的事件是从 19

---

① [53]政文习字 24 号文件中规定:"各部门如在重要古遗址地区,如西安、咸阳、洛阳……地区进行基本建设,必须会同中央文化部与中国科学院研究保护、保存或清理的办法。"

② 国务院《关于在农业生产建设中保护文物的通知》(国二文习字第六号)规定,必须在全国范围内对历史和革命文物遗迹进行普遍调查工作。各省、自治区、直辖市文化局应该首先就已知的重要古文化遗址、古墓葬地区和重要革命遗迹、纪念建筑物、古建筑、碑碣等,在本通知到达后两个月内提出保护单位名单,报省(市)人民委员会批准先行公布,并且通知县、乡,做出标志,加以保护。

世纪 50 年代开始的“拆城运动”。随着“拆城风”的蔓延，以北京城墙为代表的国内大多数城市的城墙遭到了拆除和破坏。虽然拆城运动在现在看来非常具有破坏性，但在新中国成立初期恢复生产、提高人民生活水平才是第一等大事的情况下，谈保护古城墙就有些“奢侈”了。虽然这是当时领导的决策，但也和普通市民的理念分不开，在北京古城墙存废的过程中，就有市民提出“此城墙在都城之中间，横墙一道，毫无用处，可称是庞大废物。如今要废物利用，将此城墙改修民房，甚属相宜”[①]。经济基础这一决定力量在任何时候都会发挥其作用，在生产生活水平比较低的情况下，要求大众都有共同的保护意识是非常困难的；而政府的行为，也是根据当时面临的问题作出的决策，不能听取专家的意见虽有遗憾，但也是这一历史发展阶段不可避免的局限性。

第二阶段从“文革”开始到 1982 年《文物保护法》的制定(1966—1982 年)，这一时期保护制度废弛，仅有个别保护亮点。“文革”是个非理性的时代。在“破四旧”观念的影响下，历史文化名城保护的理念自然无法形成共识，大量的历史文物在“文革”中被毁损。“文革”时期历史文化保护各项制度废弛，但也偶有亮点，如提出保护革命遗迹[②]。在“三孔事件”[③]中，由于部

---

① 张淑华：《建国初期北京城墙留与拆的争论》，载《北京党史》2006 年第 1 期。

② 参见国家文物局编：《中国文化遗产事业法规文件汇编(1949—2009)》，文物出版社 2009 年版，第 44 页。

③ 李先明：《“文化大革命”初期曲阜的“破四旧”运动及其影响——兼论红卫兵与当地民众的行为、心态》，载《中共党史研究》2012 年第 8 期。

分地区存在政府和群众自发保护孔庙遗迹的情况,使得“文革”领导小组对毁坏文物有所保留。“文革”时期,虽然个别事件中文物得以保存,但由于时代的原因,在“破四旧”观念的影响下,各类文物遭受严重的损害,历史文化名城保护制度基本废弛。

第三阶段是从1982年《文物保护法》实施至今。这个阶段又可以分为两个小阶段:第一个小阶段从1982年《文物保护法》制定到21世纪初,这一时期是历史文化名城保护制度正式建立时期,各地开始了形式各样的历史文化名城保护制度实践,也形成了大量历史文化名城保护的制度经验。第二个小阶段为21世纪初至今,这一时期的标志性事件是国务院《历史文化名城名镇名村保护条例》(以下简称《国务院名城保护条例》)的出台。《国务院名城保护条例》总结了1982年《文物保护法》通过后近30年历史文化名城保护的经验,对历史文化名城保护的申报、规划和具体保护制度进行了全面的规定,在前期实践的基础上对保护制度作了进一步发展完善。《国务院名城保护条例》通过后,各地也纷纷出台或修订地方的历史文化名城保护相关制度,历史文化名城保护制度的基本框架得以确立。

三、历史文化名城保护机构沿革

新中国成立初期,在中央层面,政务主管部门或者建设主管部门和文物主管部门共同负责历史文化名城保护。而在地方层面,历史文化名城的具体管理责任主要由地方政府承担。由于各级政府和职能部门尚未完全建立,其权限也没有划分得十分清楚。在历史文化名城的管理部门设置上,中央人民政府 1951 年出台的《关于管理名胜古迹职权分工的规定》,确定中央层面由内务部会同原文化部主管物质文化遗产的保护,确定地方层面由各级文化局和文物保管委员会履行相应级别的文物保护行政职能。[①] 可见,虽然分工屡有调整,但新中国成立后中央层面文物事业管理部门一直延续。新中国成立初期的名城保护实践,集中于重点文物的保护和文物的挖掘、出口等方面;文物保管委员会的设置,正好适应这种保护的模式。而当时大量城市的交通改造、马路拓宽、城墙推倒等与生产发展相关的活动,显然并没有考虑到古城的整体保护;这也从一个侧面反映了单一的专业管理部门无法实现对历史文化名城的有效保护。

虽然从新中国成立初期开始,对于名胜古迹的保护并非文物主管部门一家的事情大家已有初步共识,但真正落实地方人民政府的主体保护责任,是在 1982 年《文物保护法》出台后。随着保护工程范围、保护内容不断扩大,历史文化名城保护的范围呈现扩大趋势,各级政府都意识到了保护机构需要有与之相适应的权能和与之相匹配的资源调动能力,否则无力驱动保护工程的开展,也无法协调更多的资源投入历史文化名城保护中。《国务院名城保护条例》第 5 条明确了中央和地方两级政府历史文化名城保护职责,中央层面由建设主管部门会同文物主管部门负责历史文化名城保护工作,地方层面由地方各级人民政

---

① 国家文物局编:《中国文化遗产事业法规文件汇编(1949—2009)》,文物出版社 2009 年版,第 8 页。

府负责本行政区域历史文化名城保护。依据这一规定,历史文化名城所在地市级地方人民政府承担着保护的主体责任,城乡规划建设、园林、旅游等部门在其职责范围内具体开展历史文化名城保护工作。

第二节 世界范围内名城保护制度的发展

一、国际历史城市保护组织

世界范围的历史城市保护制度是在"一战"结束后逐步发展起来的。发展至今,比较重要的国际组织有两个,分别是1945年成立的联合国教科文组织(UNESCO)和1965年成立的国际古迹遗址理事会(ICOMOS)。其他对遗产保护有影响的组织还包括国际文物工作者理事会(ICOM,1947年成立,ICOMOS前身)、国际现代建筑协会(CIAM,1928—1959年)、国际建筑师协会(UIA,1948年成立)、国际自然和自然资源保护联盟(IUCN,1948年由UNESCO成立)、国际文化财产保护与修复研究中心(ICCROM,1959年由UNESCO成立)、世界历史遗址基金会(WMF,1965年成立)、世界遗产委员会(WHC,1976年成立)、国际产业遗产保护联合会(TICCIH,1978年成立)、现代主义运动记录与保护国际组织(DOCOMOMO,1990年成立)、全球遗产基金会(GHF,2001年成立)等,以及一些区域性或学术性的国际组织、国际会议。

联合国教科文组织在主管的教育、科学、文化等业务范围内设立了十多个政府间机构及大型合作计划，以推动国际合作。例如，规定了遗产登录和保护工作必须得到各国政府的支持与合作。1976 年其下属的各国政府间机构世界遗产委员会成立，旨在落实联合国《世界遗产公约》。中国是该组织的创始国之一。1979 年，我国成立中国 UNESCO 全国委员会，统筹国内文化和自然遗产保护工作。

二、国际性遗产保护重要公约、宪章及宣言

国际遗产保护文件由诸多国际性组织提出或批准。国际范围内，遗产保护公约和一些宣言、文件等，是各国落实自身保护实践的重要依据和参考。我国已加入的国际性遗产保护公约和其他文件，也是我国历史文化名城保护制度体系的一个重要组成部分。国际性保护文件主要包括与历史城市、遗址保护或不可移动文物保护相关的部分宪章（见表 1 - 1）。全球性遗产保护公约、宪章及宣言根据其效力，可以分为以下三类：

第一类是 UNESCO 的若干保护公约，这类条约对缔约国具有直接的法律效力。中国的加入程序为：国务院首先报请全国人大常委会审议并批准，随后对 UNESCO 表示批复接受，加入或批准书存 UNESCO 总干事处。

第二类是 UNESCO 及其相关咨询机构、其他官方组织（如 WHC、ICOMOS、TICCIH 等）的宣言、建议、宪章、决议等“软法性文件”，一旦通过 UNESCO 的保护体系获得正式确认，对

UNESCO 若干公约的实施将起到具体的配套、推动作用,并成为公约缔约国保护实践的指导性文件。

第三类属于各种相对独立的国际学术团体、行业协会等非官方组织的国际会议决议、宪章或宣言,对与保护相关的行业标准、教育模式会形成纲领性指导,并在各国历史城市保护界得到广泛宣传,进而影响各国保护实践的价值取向。

前两类文件是各国制定国内保护法规、形成保护体系的国际法理基础;但从 UNESCO 保护体系内部来看,文件层级和有效性还是很分明的。例如,WHC 在 2005 年形成的《维也纳保护具有历史意义的城市景观备忘录》,其基本原则需要在同年 UNESCO《保护具有历史意义的城市景观宣言》中得到再次确认,才具有更为正式的权威性。在这些保护文件中,直接影响历史城市保护的全球性国际文件主要在"一战"之后形成,有《内罗毕建议》(UNESCO,1976)和《华盛顿宪章》、联合国《世界遗产公约》等,这些国际性文件前后相继,对历史城镇及街区保护具有重要的指导意义,对历史城市遗产保护起到了显著推动作用。

表 1-1 国际性遗产保护重要公约、宪章及宣言一览

年代	UNESCO 公约	UNESCO 建议与宣言	ICOMOS 大会采纳宪章	ICOMOS 研讨会决议和宣言	其他相关国际会议决议和宣言
1930s			关于历史性纪念物修复的雅典宪章(ICOM1931)		都市计划大纲(CIAM 雅典宪章 1933)

续表

年代	UNESCO 公约	UNESCO 建议与宣言	ICOMOS 大会采纳宪章	ICOMOS 研讨会决议和宣言	其他相关国际会议决议和宣言
1940s	第二次世界大战及战后恢复				
1950s	武装冲突情况下保护文化财产公约及其议定书(海牙公约1954)(1999-10-31全国人大常委会批准)	关于适用于考古发掘的国际原则的建议(1956)			欧洲文化公约(欧洲委员会1955)
1960s		关于保护景观和遗址的风貌与特性的建议(1962) 关于保护受到公共或私人工程危害的文化财产的建议(1968)	关于古迹遗址保护与修复的国际宪章(威尼斯宪章1964)	—	保护考古遗产的欧洲公约(欧洲理事会1969)
1970s	保护世界文化和自然遗产公约(世界遗产公约1972)(1985-11-22全国人大常委会批准)	关于在国家一级保护文化和自然遗产的建议(1972) 关于历史地区的保护及其当代作用的建议(内罗毕建议1976)	国际古迹遗址理事会章程(1978)	“在古建筑群中引入当代建筑研讨会”会议的决议(1972) 关于保护历史小城镇的决议(1975) 文化旅游宪章(1976)	人类环境宣言(联合国人类环境会议1972) 建筑遗产欧洲宪章(欧洲委员会1975) 阿姆斯特丹宣言(欧洲建筑遗产大会1975) 美洲国家保护考古、历史及艺术遗产公约(美洲国家组织1976)

续表

年代	UNESCO公约	UNESCO建议与宣言	ICOMOS大会采纳宪章	ICOMOS研讨会决议和宣言	其他相关国际会议决议和宣言
1970s					人类住区温哥华宣言（联合国第一届人类住区大会1976） 马丘比丘宪章（IUA 1977）
1980s			佛罗伦萨宪章（历史园林与景观1982） 保护历史城镇与城区宪章（华盛顿宪章1987）	关于小聚落再生的Tlaxcala宣言（1982） 关于受战争破坏古迹重建的德累斯顿宣言（1982） 罗马宣言（1983）	保护具有文化特征的场所的澳大利亚巴拉宪章（巴拉宪章ICOMOS采用1981） 我们共同的未来（联合国环境与发展委员会1987）
1990s	武装冲突情况下保护文化财产公约第二议定书（1999）（1999－10－31全国人大常委会批准）		考古遗产保护与管理宪章（1990） 水下文化遗产保护与管理宪章（1996） 关于乡土建筑遗产的宪章（1999） 木结构遗产保护准则（1999） 国际文化旅游宪章（1999）	关于古建筑、建筑群、古迹保护的教育和培训指南（1993） 关于原真性的奈良文件（1994） 美洲国家间文化遗产保护原真性的圣安东尼奥宣言（1996） 斯德哥尔摩宣言（1998）	21世纪议程（世界环境与发展大会1992） 人类住区伊斯坦布尔宣言（联合国第二届人类住区大会1996） 保护和发展历史城市国际合作苏州宣言（中国—欧洲历史城市市长会议1998） 北京宪章（IUA 1999）

续表

年代	UNESCO 公约	UNESCO 建议与宣言	ICOMOS 大会采纳宪章	ICOMOS 研讨会决议和宣言	其他相关国际会议决议和宣言
2000s	水下文化遗产保护公约(2001) 保护非物质文化遗产公约(2003)(2004－8－23 全国人大常委会批准)	关于世界遗产的布达佩斯宣言(2001) 世界文化多样性宣言(2001) 伊斯坦布尔宣言(2002) 关于蓄意破坏文化遗产问题的宣言(2003) 实施《世界遗产公约》的操作指南(2004) 会安草案——亚洲最佳保护范例(2005) 保护具有历史意义的城市景观宣言(2005)	—	建筑遗产分析、保护和结构修复原则(2003) 关于古建筑、古遗址和历史区域周边环境的保护(西安宣言 2005)	关于产业遗产的下塔吉尔宪章(TICCIH 2003) 国际文物保护与修复研究中心章程(ICCROM 2005) 维也纳保护具有历史意义的城市景观备忘录(维也纳备忘录 WHC 2005) 绍兴宣言(第二届文化遗产保护与可持续发展国际会议 2006) 城市文化北京宣言(城市文化国际研讨会 2007) 北京文件(东亚地区文物建筑保护理念与实践国际研讨会 2007)

资料来源：西安市文物保护考古研究院、联合国教科文组织世界遗产中心、国际古迹遗址理事会、国际古迹遗址理事会西安国际保护中心编译：《国际文化遗产保护文件选编(2006—2017)》，文物出版社 2020 年版。

三、国际性遗产保护文件中名城保护重要制度内容简析

综观国际上签订的保护文件,可以发现国际范围内,对于历史文化名城保护的认识也存在一个逐步深化的过程。从 1931 年的《雅典宪章》到联合国《世界遗产公约》,再到最新的《保护具有历史意义的城市景观宣言》《瓦莱塔原则》等国际公约、文件,对文化遗产保护的规范,是从单点的建筑物、构筑物等物质文化遗产保护到关注整个历史城市、城区的保护和非物质文化遗产的保护。

(一)国际历史城市保护制度的确立与发展

历史城市保护属于世界遗产保护大体系的一部分。在世界文化遗产和自然遗产保护中,1975 年 12 月 17 日生效的联合国《世界遗产公约》无疑是历史城市保护中最为重要的文件之一。该公约通过后,文化和自然遗产保护受到各国政府和公众的普遍关注和逐步重视。公约核心任务是确认具有突出的普遍价值、人人有责加以保护的自然景观和古迹遗址,并将其作为"人类共同的遗产"列入《世界遗产名录》。这是一项规模巨大的国际性工程,公约本身也是 UNESCO 层面上通过的最重要的一份保护文件,具有国际法的性质。[①] 根据公约规定,[②]历史城市的

① 张松:《历史城市保护学导论》,上海科学技术出版社 2001 年版,第 238 页。

② 西安市文物保护考古研究院、联合国教科文组织世界遗产中心、国际古迹遗址理事会、国际文物保护与修复研究中心编译:《国际文化遗产保护文件选编》,文物出版社 2007 年版,第 71 页。

保护正式成为世界遗产保护体系的一部分。

经国务院报请全国人大常委会批准,[①]中国于 1985 年 12 月 12 日加入联合国《世界遗产公约》,1999 年 10 月 29 日成为 WHC 成员,迄今已经拥有世界文化与自然遗产 55 项,[②]包括苏州古典园林(1997)、平遥古城(1997)、丽江古城(1997)、澳门历史城区(2005)、中国大运河(2014)、良渚古城遗址(2019)等。

(二)历史城市保护理念的发展

《威尼斯宪章》《关于原真性的奈良文件》《内罗毕建议》等各类国际文件中提出了很多历史文化遗产保护的理念和原则,这些对历史文化名城遗产保护具有重要的指导和参考意义。

1. 关于"原真性"保护要求和保护利用

"原真性"保护是当今国际历史城市保护中的重要概念之一。此概念由《威尼斯宪章》最早提出,由 1994 年《关于原真性的奈良文件》正式确立。与以前由欧洲各国主导的保护公约不同,《关于原真性的奈良文件》认为应当从"原真性"概念本身出发寻找各种遗产本土文化保存的方法;认为文化遗产价值与原真性的评价基础更多取决于保护主体蕴含的信息,其来源是否

---

① 《全国人民代表大会常务委员会关于批准〈保护世界文化和自然遗产公约〉的决定》,载《中华人民共和国国务院公报》1985 年第 33 期。

② 参见《"良渚古城遗址"列入〈世界遗产名录〉中国世遗总数达 55 处》,载百度百家号 2019 年 7 月 6 日,https://baijiahao.baidu.com/s?id=1638294109102102929&wfr=spider&for=pc。

明确。按照《威尼斯宪章》代表的欧洲文物保护观念,保留最初材料这一理念,对于欧洲等地的石结构建筑可能是适用的,但对亚洲等地的木构建筑或土坯建筑就不适用了;亚洲的传统建筑的修缮一般为大修,很多部件都会不断地替代,体现不了原材料、原工艺的传统理念。《关于原真性的奈良文件》对亚洲建筑的原真性保护原则提供了理论基础,为保护亚洲城市的历史风貌把握了方向。[①] "原真性"概念的提出,也体现了国际社会开始尊重不同文化体系下的文化多样性。而国际古迹理事会《木结构遗产保护准则》(1999)的制定,则是将《关于原真性的奈良文件》的精神落实到了具体的保护措施之中。

2. 关于历史城市保护和城市发展

20 世纪 70 年代开始,世界范围内开始关注历史城市保护与城市发展相融合的问题。1977 年首先由秘鲁利马大学的建筑、规划界学者在马丘比丘山通过,1978 年第 13 次墨西哥国际建协大会予以确认的《马丘比丘宪章》与 1975 年 ICOMOS 通过的《关于保护历史小城镇的决议》等文件一起推动了历史城市保护国际体系的进一步成熟与发展。《马丘比丘宪章》提出"城市的个性和特性取决于城市的体型结构和社会特征"[②]。《北京宪章》(1996)提出了可持续发展的观念,并认为可持续发展会

---

① 张松:《历史城市保护学导论》,上海科学技术出版社 2001 年版,第 244 页。

② 西安市文物保护考古研究院、联合国教科文组织世界遗产中心、国际古迹遗址理事会、国际文物保护与修复研究中心编译:《国际文化遗产保护文件选编》,文物出版社 2007 年版,第 104 页。

带来建筑科学的进步和建筑艺术的创造。[1]

3. 关于历史城市的更新和利用原则

近年来,西方的历史城市研究和实践,开始转向保护更新的领域。1976 年,《内罗毕建议》提出,"历史地区及其环境应被视为不可替代的世界遗产的组成部分。其所在国政府和公民应把保护该遗产并使之与我们时代的社会生活融为一体作为自己的义务"[2]。同时在传统建筑的修缮利用上,《内罗毕建议》提出了"建筑师和城市规划者应谨慎从事,以确保古迹和历史地区的景色不致遭到破坏,并确保历史地区与当代生活和谐一致"[3]等各项关于历史城市保护利用的建议,为历史城市的更新奠定了相关理论基础。

(三)历史城市保护中一些重要概念的确立

除了上述"原真性"概念外,国际性遗产保护文件中,确立了大量国际通用的概念,如在联合国《世界遗产公约》中提出的"文化遗产"和"自然遗产"概念,被多部公约明确的"非物质、物质文

---

① 联合国教科文组织世界遗产中心、国际古迹遗址理事会、国际文物保护与修复研究中心、中国国家文物局主编:《国际文化遗产保护文件选编》,文物出版社 2007 年版,第 192 页。

② 联合国教科文组织世界遗产中心、国际古迹遗址理事会、国际文物保护与修复研究中心、中国国家文物局主编:《国际文化遗产保护文件选编》,文物出版社 2007 年版,第 93 页。

③ 联合国教科文组织世界遗产中心、国际古迹遗址理事会、国际文物保护与修复研究中心、中国国家文物局主编:《国际文化遗产保护文件选编》,文物出版社 2007 年版,第 93 页。

化遗产”等概念,以及联合国教科文组织在《保护传统文化和民俗的建议》(1989)中提出的“民俗”概念等。这些概念,明确了各类保护对象的内涵和外延,确立了保护的原则和方法,为国际社会开展历史文化名城保护合作打下了统一概念的基础。

第三节　当代中国历史文化名城保护中存在的问题和制度解决之道

在历史文化名城保护制度确立之初,国家层面还是坚持了文物保护惯有的“应保尽保”原则,对于基本符合条件的城市都给予了“国家历史文化名城”的称号。中央对历史文化名城保护如何开展没有比较具体的规定,各名城所在地都根据自己的城市特点和保护实践分别探索自身不同的保护模式。从全国范围看,部分城市由于对保护的重视,建立了比较良好的历史文化名城保护制度;但也有不少历史文化名城保护的成效并不那么乐观。虽然各历史文化名城均不同程度制定了各自的名城保护规范;但保护与发展的冲突以及理念不符合保护要求,导致部分城市的制度效果大打折扣,保护情况不佳。住房和城乡建设部、国家文物局《关于部分保护不力国家历史文化名城的通报》(建科〔2019〕35 号,以下简称 35 号通报)中,对山东省聊城市等五个城市的名城保护不力的问题进行了通报批评。这五个城市保护中反映出的问题也是我国历史文化名城保护中的典型问题。这些问题如果得不到解决,就会影响历史文化名城保护的效果。

一、大规模建设破坏名城整体格局

历史文化名城除了是具有丰富历史文化遗产的载体外,还是人民生活、学习、工作的场所。历史文化名城保护首先要面对的是如何与城市发展相协调的问题。新中国成立以来,几乎每个城市都面临着生产、生活方式的巨变带来的城市发展的无序状态,给名城保护造成了很大的压力。我国现代城市大多是为了现代化、工业化发展而组织起来的,历史文化名城以商业、居住为主的传统城市结构显然与工业化城市的发展不相适应。如果仅考虑工业生产发展的便利,不考虑传统城市的文化价值,在大规模的城市改造时,仅凭领导意志,对城市布局和功能缺乏科学论证与细致研究,又不能守好历史文化名城保护的制度底线,则其启动的修复改造必然会对历史文化名城保护造成严重的破坏。35 号通报中聊城市的问题就在于此。

> 聊城古城距今已有 2500 多年的历史,古老的城垣被护城河东昌湖环绕。早在 20 世纪 50 年代,聊城市在制定第一个城市总体规划时,就确定了“保护古城,开辟新区”的原则。此后的 50 年里,聊城市一直确保城市新增部分全部位于古城之外,完整地保留古城格局和风貌。然而,这长久的努力在 3 年时间里迅速消

失了。2009年,聊城市启动古城复建工作,开始大规模拆除古城里的老建筑。2011年,除了古城内的文物保护单位和少量传统建筑幸免于难,约1平方公里的古城基本被拆光。

2012年,住房和城乡建设部、国家文物局通报聊城市名城保护不力,要求提出整改方案,坚决制止和纠正错误的做法,防止情况继续恶化。聊城市不但未按照正确理念方法改正错误,反而在缺少规划作依据的情况下,在古城内违规审批放行了“光岳府”“东昌首府”“东昌·御府”3个中国传统庭院式别墅类房地产住宅项目,试图用中式豪宅“延续古城肌理”。时至今日,仍可以在网络上看到这些房地产项目的推销信息。

——参见《历史文化名城迎来年中大考》,载搜狐网2019年6月21日,https://www.sohu.com/a/322030805_617491。

在我国,历史文化名城保护究竟是选择原地保护还是异地新建新区的争议一直不断,从20世纪50年代的“拆城墙”运动开始,争论至今。由于各种原因,大多数城市没有选择在城市外部另辟新区发展的道路,很多历史文化名城为了发展经济,对城市结构进行了比较大的改造,这就导致了除少数中小城市外,大多数历史文化名城的整体格局没能完整地保存。而且新中国成立后很长一段时间,未将历史文化名城保护独立于文物、遗产的保护，没有形成名城保护的观念，也使名城内有较高历史价值的传统民居被大面积拆除，古城中高楼耸起，文物保护单位被现代化都市彻底淹没，完全丧失了历史文化名城的风貌。

二、盲目改建导致历史文化遗产被破坏

“建新拆旧”，做“假古董”是历史文化名城保护过程中比较普遍的破坏现象。历史文化名城的保护需要对当地的历史文化有着比较深入的研究，同时其保护手段的采取也需要较高技术水平。如果历史文化名城保护决策者的认识水平不够，把历史街区、建筑的保护简单认为是翻新、重建，追求旅游经济等短期效益的话，就会出现将真文物拆除建造假文物的情况，对历史文化名城造成“保护性破坏”。35 号通报中，大同市的例子就是这种“保护性破坏”的典型。

> 大同市自 2008 年起开展大规模的复建古城计划。为了让大同市再现辉煌，在随后的 5 年里，古城居民和现代风格建筑被要求迁出古城。大同古城成了一座没有学校、医院和人烟的“巨大工地”。与此同时，大同城墙、代王府等早已消失在历史尘烟中的明代建筑拔地而起；“仿古街”取代了下寺坡街的街名与文化；仿古四合院群落“自然家园”开建，与古城遥相呼应。“仿古”成为大同市的标签与特色。
>
> ——参见《历史文化名城迎来年中大考》，载搜

狐网 2019 年 6 月 21 日,https://www.sohu.com/a/322030805_617491。

在我国,历史文化名城遭建设性破坏的新闻也常见报端。其主要原因就是,很多地方政府为了发展旅游业或相关产业,迅速产生经济效益,对老旧街区、建筑大多采取了更为简便的推倒重建的方式,包括梁思成、林徽因故居被"维修性拆除",荆州市政府在荆州古城内修建三国文化城等,而不对其进行保护修缮。由于认识的偏差和保护成本,早期的历史文化名城保护大多无法全面遵循修旧如旧的原则,无法做到尊重传统、尊重历史,无法最大限度地体现历史化名城的内涵。一些保护项目更多地考虑经济回报,而忽视了保护价值,导致保护效果与其宣称的保护目的出现了较大的偏差。

三、保护更新不足导致历史城区的衰落

历史文化名城保护是一项投入大但短期经济回报低的工作;采用修旧如旧等保持"原真性"的保护方式进行的保护工作,其成本是非常高的。如果修复完毕后,不能有效利用历史文化遗存,保护所支出的成本就无法短时期内收回。有些城市,由于保护资金的不足,或者在保护计划制订后没能想好活化利用的方式,在规划保护项目后,实行全面静态的保护策略,既不更新改造,也不便活化利用。而历史文化街区和古建筑本身属于老旧建筑,如果长时期不进行保护修缮的话,其衰败速度是非常

快的,就会导致城市衰落。35 号通报中,哈尔滨市的花园街历史文化街区更新改造项目的保护状况就呈现出这样的特点。

> 2011 年,哈尔滨市提出花园街历史文化街区保护与更新改造项目,计划“本着修旧如旧的原则进行保护性开发建设,打造各类主题园区,构建多元商业及文化空间,形成富有特色的城市新地标、旅游新景区”。
>
> 为保证项目顺利进行,哈尔滨市启动房屋征收工作,范围涵盖南岗区东起交通街,西至海城街、公司街,南起木介街、繁荣街,北至联发街、西大直街、花园街的大片区域。
>
> 在花园街腾空后长达 8 年的时间里,哈尔滨市始终未编制、审批街区保护规划,未采取必要有效措施对花园街历史文化街区进行有效保护修缮。时至此次检查时,这片区域依旧处于荒废状态,无人打理的老建筑更趋破败。
>
> ——参见《历史文化名城迎来年中大考》,载搜狐网 2019 年 6 月 21 日,https://www.sohu.com/a/322030805_617491。

随着经济社会的发展,历史文化名城发展与保护、继承与变化、保存与民生间的矛盾自然会显现,城市的现代化是古城保护制度中不可避免要面对的一个趋势。从中国城市发展的进程看,改革开放初期大多数城市经历过很长一段时间的粗放型发展阶段,在大拆大建过程中对名城结构造成了非常大的破坏。而随着经济的发展,城市的管理者们逐渐意识到历史文化遗产可以带动旅游业和当地经济的发展,开始对历史文化名城进行开发利用。这段时间,由于对历史文化遗产价值认识的不同,很多历史建筑又毁于拆旧建新的“保护性破坏”。而历史文化遗产的特性就是其不可再生性,历史文化名城的城市格局被破坏后,再进行重建也无法恢复原有的城市格局和风貌;历史文化遗产灭失后,也不可能再生。在漫长的近 40 年的时间里,苏州历史文化名城的保护摆脱了城市发展初期的建设冲动、中期的开发冲动陷阱,顺利地成为“历史文化名城保护示范区”,其保护制度发挥了重要的作用。研究苏州历史文化名城的保护制度变迁和实施绩效,可以以点见面审视国内历史文化名城保护制度的发展,为历史文化名城的保护提供制度保障之借鉴。

第二章　苏州的范例与名城保护制度发展

苏州在历史文化名城中显然是个很特殊的存在。习近平总书记 2023 年 7 月在苏州考察时就表示,苏州在传统与现代的结合上做得很好,不仅有历史文化传承,而且有高科技创新和高质量发展,代表未来的发展方向,“生活在这里很有福气”。目前,苏州作为第一个国家历史文化名城保护示范区,也是目前唯一一个历史文化名城保护示范区,其又承载了为名城保护提供示范的重任。苏州作为众多历史文化名城中的一个缩影,其名城保护制度的发展与国内其他的名城发展保护的历程是相一致的。但苏州摆脱了城市发展初期的建设冲动、中期的开发冲动陷阱,在发展经济的同时,完整地保护了城市格局和风貌,取得了举世公认的经济建设成果和名城保护成果,成为名城保护的典范,其保护制度在塑造苏州的名城保护中起到了至关重要的作用。研究苏州历史文化名城的保护制度变迁和实施绩效,可以以点见面审视国内历史文化名城保护制度,为历史文化名城保护实践提供理论支撑,解释何以名城。

第一节 城市定位和保护制度发展

一、早期的城市定位与名城保护

1949 年新中国成立,百废待兴,工作重点是恢复生产和生活秩序,发展生产,苏州市人民政府将苏州从以往的消费型城市,逐步改造成生产性公园化城市。从这一城市定位看,虽然发展生产力是苏州的主要任务,但为了实现"公园化",苏州开展了很多历史文化名城保护的基础性工作。例如,针对历经战争的破坏、不少园林遭到不同程度的毁损的情况,苏州市的第一个五年计划中,就提出要对名胜古迹和园林进行适当的整修和维护。1953 年 6 月,苏州市成立了园林修整委员会,到 1957 年先后组织修整了狮子林、沧浪亭、环秀山庄、留园、怡园、天平山、寒山寺、玄妙观三清殿、双塔和虎丘等名胜古迹。1956 ~ 1957 年,先后将 48 处文物古迹列为江苏省第一批、第二批文物保护单位。1963 年,有 48 处文物古迹被列为苏州市第一批文物保护单位,为保护和修复园林古迹和古城风貌打下了基础①。1954 ~ 1973

① 苏州市地方志编纂委员会编:《苏州市志》(第 3 册),江苏人民出版社 1995 年版,第 126、127 页。

年，苏州市曾编制过6次城市建设规划，设想逐步把苏州改造成为生产发达的园林化的城市。

当时对城市的定位，未能够考虑苏州城市的性质和历史沿革，市区所辖地域过于狭小，财政上缴任务较重，又受重生产轻生活的思想影响，以致城市基础建设与经济发展的步调不相适应，环境保护也显得滞后[①]。历史文化名城保护在这一时期虽然实际上没能全面地展开，但重点保护的园林古迹也为20世纪80年代开始的全面保护奠定了基础。

二、改革开放后的城市定位与名城保护

“文革”的发生，导致了苏州全市生产生活的巨大破坏，历史文化名城保护的脚步在这一时期也几近停滞。“文革”时期对城市规划全面否定，城市建设处于无序状态。在“文革”初期的“破四旧”中，苏州的文物、古迹、寺庙、古典园林在劫难逃，大量园林、古迹被破坏。在1980年到1982年文物普查中查明：在城区1963年公布的85处国家、省、市级文物保护单位，已有15处在“文革”期间被毁废、拆除，实际剩下70处，1959年查明实有的142处园林庭院中，已经完全毁废的96处，受到不同程度破坏但尚能修复的23处，完整和比较完整的只有23处。[②]

① 苏州市地方志编纂委员会编：《苏州市志》（第1册），江苏人民出版社1995年版，第9、10页。

② 姚福年编著：《苏州通史：中华人民共和国卷（1978—2000）》（第9卷），苏州大学出版社2019年版，第555、556页。

随着“文革”的结束，苏州市迎来了改革开放的重大发展机遇，名城保护工作也走上正轨。1979～1980年，沧浪、平江、金阊三区名称恢复，234条路、街、巷、里、弄在“文革”中被随意篡改的地名，如“战斗里”“敢闯巷”“兴无街”“灭资弄”等均被改回原名或另行命名。1979～1982年，中央、省对苏州古城和古典园林保护高度重视，作出了一系列重要指示和制度性安排。1981年2月24日，国务院在《关于在国民经济调整时期加强环境保护工作的决定》中，明确指出：“杭州、苏州和桂林是我国著名的风景游览城市，一定要很好保护。有关省（区）、市人民政府要把保护好这三个风景区作为一项重要工作，按照风景游览城市的性质和特点，做出规划，严加管理。”1980年至1982年5月，苏州市对城区文物古迹、园林名胜和古建筑进行了一次全面调查，为将来制定古城保护政策奠定了基础。1982年《文物保护法》的出台，标志着我国文物保护制度的整体恢复。

1982年2月15日，经国务院批准，苏州市被列为全国第一批24个历史文化名城之一，苏州历史文化名城保护也是从这一阶段开始正式起步。从苏州的制度保护实践看，改革保护工作也经历了20世纪80年代初的恢复期，20世纪80年代中期到90年代初的逐步发展期和20世纪90年代开始到2012年的全面发展期。随着苏州城市经济的发展，苏州名城保护制度建设有了长足的进步，名城保护工作也取得了重大的成绩。

1. 改革开放初期的重点保护

在改革开放初期，苏州名城保护全面恢复；但由于经费有限，初期还是以重点文物的保护为主。1982 年 10 月，苏州市在 1963 年公布的第一批文物保护单位 55 处（包括已列入全国重点文保单位 7 处和省文保单位 23 处）的基础上，新公布了苏州市第二批文物保护单位 38 处。采用中央和省重点拨款、地方财政投资、使用单位自筹经费多管齐下的方法，先后组织对 26 处文保单位进行维修，其中全面维修的有 13 处[①]。1982～1984 年，苏州以一批古典园林和名胜古迹为重点开展了保护工作，如云岩寺塔、盘门、文庙等，重点对其进行抢修和恢复，并开始对文物、古迹、古建筑进行调查摸底，将一批古建筑作为控制保护单位进行挂牌记录，后又对古树名木进行了统一的调查、编号、挂牌。这些工作，为以后推进全面保护奠定了基础。

2. 全面保护古城风貌理念和城市的重新定位

20 世纪 80 年代开始，由于改革开放带来的经济迅速增长，苏州城市建设快速扩张，古城历史风貌遭到一定的冲击。古城如何保护，如何处理好保护与城市发展的关系，成为苏州城市建设中首先面临的问题。这一时期，国家和省、市各项历史文化名城保护政策不断出台、完善，并且确认了苏州古城全面保护的总

① 姚福年等编著：《苏州通史：中华人民共和国卷（1978—2000）》（第 9 卷），苏州大学出版社 2019 年版，第 181 页。

纲领。1982年3月20日,中共江苏省委向中共中央、国务院作了《关于保护苏州古城风貌和今后建设方针的报告》,提出要在保护古城风貌的前提下,改造环境,改造各项服务设施,使之逐步符合现代化的要求。1983年9月,时任中共中央政治局委员、国务院副总理万里在苏州考察城建工作回京后,与时任国务院副总理谷牧等一起郑重商定,把苏州作为全国唯一的一个"全面保护古城风貌"的历史文化名城。由于城市定位的重新确立,苏州1986版总体规划中,明确了园林风景游览城市和历史文化名城定位。以后虽然各版总体规划对于城市定位略有调整,但历史文化名城的定位没有变化。

3. 历次规划修编和全面保护原则的落实

作为落实城市定位的重要手段,规划向来是总领性的一项保护制度。为了贯彻国家、省市关于全面保护古城风貌的要求,苏州启动了城市整体规划的编制工作。这一阶段,苏州市总共有四版总体规划出台,作为苏州古城保护的纲领性文件,随着历次规划的修编,保护的范围越来越广,内容越来越细。1986年,国务院正式批准了《苏州市城市总体规划(1985—2000)》(以下简称"86版总规")。要求全面保护古城,积极建设新区,把苏州市逐步建成环境优美、具有江南水乡特色的现代化城市。86版总规对保护范围、保护原则和保护要求进行了规范,由此苏州进入了全面保护的时代。总规确立的保护范围为:"一城两线三片",一城即14.2平方公里的古城;两线即三塘、上塘两线;三片即虎丘、寒山寺、留园和西园片。从1994年起,苏州开始修编第二版总体规划,并于2000年完成。2000版总体规划在延续86版总规的保护方针和整体框架基础上,继续坚持了全面保护古城风貌的主要内容,并配合苏州城市整体发展格局的调整,编制了1996年版《历史文化名城保护规划》,强调了历史街区、传统风貌区和历史地段的保护。从1998年开始,为更加切实有效地从系统上保护好古城,苏州规划局委托同济大学、东南大学、江苏省规划设计院、苏州科技学院及苏州市规划设计研究院共同对古城54个街坊进行了第二轮控制性详细规划的编制工作,进一步贯彻落实"重点保护、合理保留、普遍改善、局部改造"的保护方针,对每个街坊的各项控制指标作出详细的规定。当年,苏州古城54个街坊的控制性详细规划全部编制完成。

2003年1月4日,《苏州历史文化名城保护规划(2003—2010)》通过市规划委员会审议,苏州市在原先的平江、拙政园、怡园、山塘街4个历史文化保护区的基础上,新增阊门历史文化保护区。其后编制的2007版保护规划,在前三版规划的基础上,结合国家法律法规新要求,进一步拓展保护内涵,完善规划编制层次,细化相关规划措施,增加历史文化环境保护,将周边重要的自然生态资源(包括河湖水系、生态湿地以及风景名胜区等)纳入保护体系。(见图2-1)

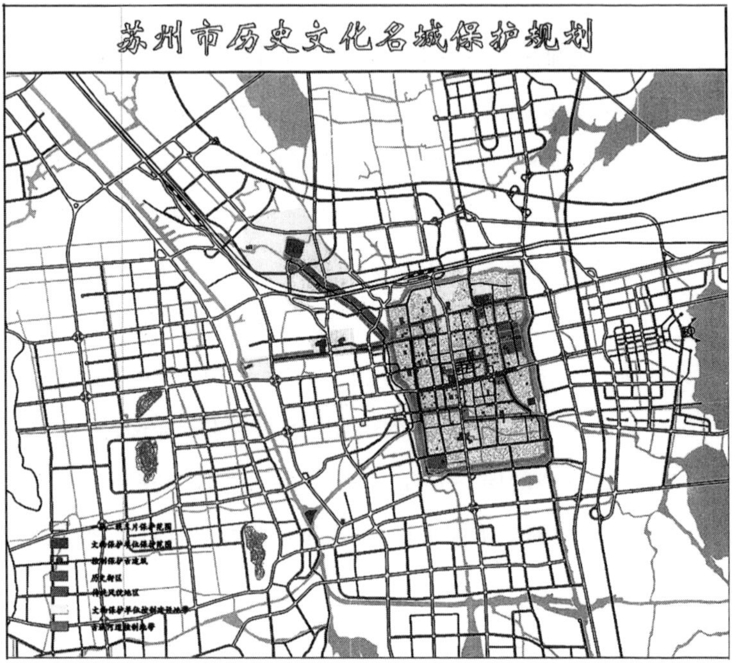

图 2－1　苏州历史文化名城保护规划（1996—2010）

资料来源：《苏州市城市总体规划（1996—2010）》，载江苏自然资源网 2011 年 11 月 23 日，http://zrzy.jiangsu.gov.cn/sz/ghcgy/201904/t20190402_769092.htm。

虽然总体规划经过历次修编，但其精神实质和一些重点的保护内容，如指导思想、古城格局、保护原则、人口控制等要求始终没有变化，这也是苏州古城得以整体保护的基础。而作为城市保护的原则，从 86 版总规确立全面保护原则后，历次总规虽然对保护原则有所增减，但在总体精神上始终保持了高度的一致性，真正地落实全面保护原则。

4. 古城保护规划的进一步完善

苏州市被确定为国家历史文化名城保护示范区前，共有四版名城保护总体规划，古城内的全部历史街区也均有了自身的保护规划。保护区成立后，进一步编制修订了名城保护规划、古城控规等一系列与古城保护相关的专项规划。2012 年，苏州开始编修《苏州历史文化名城保护规划(2013—2030)》。和前几版规划相比，2013 版保护规划在地域空间上将保护范围分为“历史城区”、“城区”和“市区”三个层次(见图 2 - 2)。按照不同的层次，分别提出了保护的目标。首次提出“两环、三线、九片、多点”的保护结构，大大丰富了保护内容。在保护目标上，提出了“加强历史文化保护与传承，促进转型发展，提升宜居环境，优化交通组织与管理，协调保护与发展的关系，实现‘国家历史文化名城保护示范区’的保护和示范目标”，更多地将保护和发展的统一、苏州成为历史文化名城保护示范作为了保护的目标。总之，2013 版保护规划内容更为广泛，不仅有历史城区的系统保护，还有历史街区的保护规划；不仅有空间布局规划，还有项目业态规划；不仅有物质形态的保护规划，还有非物质形态的保护规划。符合古城保护自身特征和规律，古城保护获得更大空间，综合价值得到全面提升。

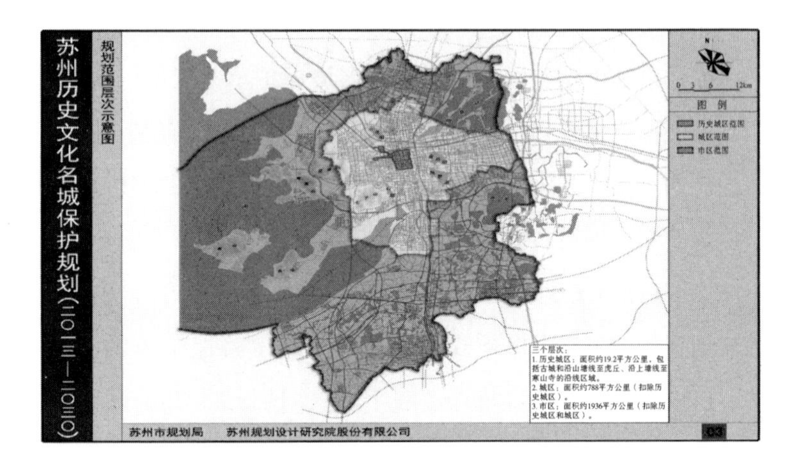

图 2－2　苏州历史文化名城保护规划(2013—2030)

资料来源:《苏州历史文化名城保护规划(2013—2030)》,载苏州自然资源和规划网 2013 年 12 月 18 日,http://zrzy. jiangsu. gov. cn/sz/ghcgy/201904/t20190402_769074. htm。

目前,正在编修的《苏州历史文化名城保护专项规划(2017—2035)》,则进一步提出了“在全面的名城保护观、全域的名城保护观指导下,建立全域性、整体性的历史文化名城保护体系,凸显苏州历史文化整体价值和风貌,彰显和弘扬吴(地)文化、江南水乡文化和水文化等苏州地域文化特色,促进区域城乡经济、社会、文化协调发展,使之成为中国典范、古今辉映的世界文化名城,重塑苏州‘江南文化’的核心地位”的保护目标。这一目标的提出,显然更看重历史文化名城保护对城市文化定位的核心作用。

第二节　城市发展制度与名城保护的共振

一、城市格局与城市发展

(一)中华人民共和国成立初期的城市发展

20世纪50年代初期,苏州开始了新城市建设。年深月久的煤屑路、烂泥路和石板路,逐步改建为花岗岩石片的弹石路;疏浚了城区河道;改造和新修了一批通向风景区的道路、桥梁;新开南门,建造横跨于绕城运河的人民桥,拓宽改造人民路,开通了古城区第一条纵贯南北的道路。1950年兴建胥江水厂,结束了苏州没有自来水厂的历史;1952年城区开行公共汽车,取代了马车和黄包车①。这些举措对恢复生产、改善民生都有着重要的作用,但这一时期的城市建设对名城保护产生了一些不良影响。主要表现在:

第一,中华人民共和国成立之后,苏州以古城区发展工业为恢复经济的手段,大量的历史建筑被工厂占据,“大跃进”期间,工矿企业急剧增加;这些新建工厂大多集中在古城内的空地上,另外还有许多厂房是直接利用古城内的园林、庭院及旧民居改

① 苏州市地方志编纂委员会编:《苏州市志》(第1册),江苏人民出版社1995年版,第9、10页。

建扩建而来(仅280家的工厂厂房直接由民居改建而成)[①]。由于工厂的人口集中化,古城开始大量新建、改扩建住宅。

第二,为了发展生产、道路改扩建、城防建设等,大量河道被填塞,导致水系不通,大量桥梁在这一时期被拆除,对城市的水城特色产生破坏。1969年11月,市革委会根据当时的形势部署战备、防空工作,同意填死古城区部分河道,改筑人民防空工事,1972年建成,未收实效,相反破坏了古城区水系的完整[②]。

第三,1958年,在全国一片"拆城风"中,留存了2000多年的苏州古城墙也难逃厄运,除留下了除胥门、盘门、金门及部分城墙作为历史遗迹供参观研究外,其余全部拆除。以上种种对中华人民共和国成立初期经济恢复、城市建设、民生改善均起到了积极的作用,但对于古城保护来讲却无疑是一场灾难,也是当时经济、政治大环境造成的遗憾。

(二)从古城核心到"东园西区"

"文革"结束,苏州作为历史文化名城的城市定位确立后,就需要寻找一条适合自身的经济发展道路。作为江苏地区的中心城市和上海经济区的主要城市和直接辐射区,苏州核心地区的发展对于整个地区乃至全省的经济发展都有着至关重要的作

① 武进:《中国城市形态:结构、特征及其演变》,江苏科学技术出版社1990年版,第130页。

② 苏州市地方志编纂委员会编:《苏州市志》(第3册),江苏人民出版社1995年版,第128页。

用。同时,苏州又是历史文化名城,经济发展和城市保护之间的矛盾在改革开放后就显得十分突出,古城区容量不足成了制约苏州经济发展和民生改善的“瓶颈”问题。改革开放前,苏州几乎所有的第二产业都集中在古城区内。改革开放后,作为地区中心城市,苏州市必然还要发展金融贸易、文教科研、技术信息、商务服务等产业和机构,古城区已不可能承载这些产业和人员。苏州意识到,只有另辟新区,才能从根本上解决好古城保护和经济发展、城市建设、改善居民生活环境之间的矛盾。在 1981 年,苏州市上报的《苏州市总体规划》中,首次提出了“保护和改造老城区,建设城郊区,重点发展小城镇”的城市建设方针。86 版总规中,正式提出了苏州新区总体规划构想:苏州古城以西,至天平山、灵岩山之间的开阔地带,成为苏州新的经济发展地区。苏州新区从 20 世纪 90 年代开始开发,经过多年建设,承载了古城区大量第二产业和人口迁移,苏州市政府于 1987 年也迁至当时还是西部新区的三香路,带动了苏州城市格局的调整,使得新区成为苏州经济发展的重要一翼。

中新工业园区的建立,是苏州城市格局的第二次重大调整。1994 年 2 月,国务院批准设立开发建设苏州工业园区项目。2 月 26 日,中国、新加坡两国政府正式签署了《中华人民共和国和新加坡共和国政府关于合作开发建设苏州工业园区的协议》。1994 年 5 月,在苏州市城东,工业园区正式启动,行政区划面积 278 平方公里,其中中新合作区占地 80 平方公里。苏州工业园区在坚持国家主权和社会主义市场经济体制的基础上,自主地、有选择地借鉴新加坡城市规划管理、经济发展和公共行政管理方面的经验,逐步建设成了一个以高新技术企业为龙头、外向型经济为主体的现代化工业园区。作为中国和新加坡两国政府间的重要合作项目,被誉为“中国改革开放的重要窗口”和“国际合作的成功范例”。中新工业园区建立后,苏州“一体两翼”的格局正式形成。

东园西区的开发建设,为苏州经济发展格局的战略调整提供了条件,为合理布局生产力、高效率地使用生产要素、高起点推进三次产业结构调整提供了契机[①],为苏州经济的腾飞和古城的全面保护奠定了坚实的基础。“一体两翼”格局形成后,苏州市的地区生产总值也飞速增长。从 20 世纪 80 年代开始到 2012 年这段时间,苏州的地区生产总值增长率均在 10% 以上,地区生产总值从 1978 年的 31. 95 亿元发展到 2012 年的 12, 011 亿元。2012 年,苏州 GDP 总量在全国排名第六,是唯一一个排名前十的普通地级市。

虽然“东园西区”建设使苏州国家历史文化名城保护在这一时期取得了有目共睹的效果,但也存在一些问题。虽然产业可以转移,但现代化的生产、生活方式还是对古城产生了一些破坏。

首先,城市建设导致的城市结构破坏。在经济发展的狂潮中,在城市化进程的不断推进中,苏州也不可避免地陷入了古城保护、更新和开发的矛盾中。从 20 世纪 80 年代开始,古城内主

---

① 王敏生:《积极投入苏州工业园区的开发建设》,载《江南论坛》1994 年第 3 期。

干道如人民路、道前街、临顿路等都进行了不同程度的拓宽改造;到了20世纪90年代初,苏州与新加坡联合设立工业园区,苏州古城区成为连接园区和新区的关键点,古城内又开始了新一轮的建设,大量兴建住宅区、加宽道路,以适应城市发展。这一阶段的城市改造,受到了很多的批评。有人认为"1984年的道前街拓宽工程开启了苏州大规模拆迁民居建设道路的先河,破坏了古城风貌"。道前街、临顿路改建,一半"枕河"成了路面,"人家尽枕河"成了"半枕河"。人民路、干将路拓宽致使古城坦露,衣襟敞开,"风水"尽失。这些批评声音虽然未必完全公允,但城市建设导致城市结构在一定程度上遭受破坏是不争的事实。

其次,过小的分区管理带来的保护协调困难。这一时期,沧浪、平江、金阊三区是苏州古城保护的中心区域。随着"退二进三"战略的开展,古城区的经济日渐衰落。2004年开始,按照城市副中心的规划目标,苏州启动平江新城、沧浪新城和金阊新城的建设计划,相继在古城区外建成集商务、居住、创业、生态功能于一体的现代化新城。新城的建设虽然改善了核心城区的土地、财政状况,但三区规模小、财政实力弱、发展同质化问题并没有根本改变,单靠一区的力量很难承担起地区历史文化名城保护的责任。另外,行政区划体制等制约因素影响了历史文化成片区的保护格局,不同保护区之间未能实现有效地互动,难以形成合力,不利于对历史街区以及古民居、古城墙、古典园林等历史遗存和古城风貌加以统筹保护。在整治保护的过程中,行政区划限制成为景区整体保护的最大障碍。三区面积狭小,但五脏六腑却都需要齐备,政府机构庞大,但跨区执法却无法实现,隔着一条干将路,平江、沧浪两区为是谁执法的问题扯皮现象也经常存在。所以,这一行政区划,已经制约了苏州核心的经济发展,也制约了名城保护的开展,必须有所变化。

> 一条山塘街就牵扯到平江、金阊两个区,因为区划分割,直接限制了景区更大范围、更大手笔的保护性修复。全程参与山塘历史文化街区保护性修复工程的金阊区政协调研员平龙根,把山塘历史文化街区比作一条龙,"山塘街东接阊门,西连虎丘。龙身山塘河、龙尾虎丘塔都在金阊区,龙头阊门却在平江区内"。在整治保护的过程中,行政区划限制成了景区整体保护的最大"门槛"。
>
> ——参见《人民日报》2012 年 10 月 29 日,第 15 版。

(三)"一核四区"的发展模式正式确立

2000 年 12 月,国务院同意撤销吴县市,设立苏州市吴中、相城两区;2012 年 9 月 6 日,吴江市正式撤市设区,以"吴江区"的身份整体并入苏州市中心城区。苏州城市发展从"一体两翼",变为"五区组团""一核四区"的发展模式,呈现东南西北四面开花发展态势,为古城区实现彻底松绑和进一步调整古城区内用地结构和古城风貌，创造了可持续发展的空间。

（四）全国首个历史文化名城保护示范区建立

2012年，根据江苏省人民政府文件《关于调整苏州市部分行政区划的通知》（苏政发〔2012〕116号），撤销苏州市沧浪区、平江区、金阊区，设立苏州市姑苏区，以原沧浪区、平江区、金阊区的行政区域为姑苏区的行政区域。江苏省人民政府通过《关于同意设立苏州国家历史文化名城保护区的批复》（苏政复〔2012〕59号）正式设立苏州国家历史文化名城保护区，设立苏州国家历史文化名城保护区管委会。历史文化名城保护区的设立，是苏州历史文化名城保护的新起点，标志着从新中国成立以后苏州小范围、零敲碎打的保护模式的终结，苏州古城将由统一的政府机构来进行保护，将开启全新的全面保护模式。

2012年，苏州的城市格局发生了重大的变化：除三区合并外，吴江正式撤市变区，苏州市本级从行政区划上调整为6个区。苏州市城市总体规划、轨道交通线网规划、太湖国家旅游度假区总体规划完成调整修编工作，东部综合商务城、西部生态科技城、南部太湖新城、北部高铁新城高标准建设。苏州火车站南站房和南广场配套工程基本完工。轨道交通1号线建成运营，2号线实现“轨通”，昆山花桥与上海的轨道交通对接进入铺轨阶段①。2012年开始，苏州的城市发展进入了快车道，重要的变化

---

① 《2013年苏州市政府工作报告》，载苏州市人民政府网2013年1月7日，http://www.suzhou.gov.cn/szsrmzf/zfgzbg/201301/2458f018fa5f48f7b57887f3e9f3de6b.shtml。

是苏州进入了轨道交通时代;从另一个方面讲,以往困扰古城的交通问题,可以通过轨道交通的投入运行,大大得到缓解。另一个重要的标志性事件是昆山花桥和上海轨交的对接,这标志着长三角一体化时代的到来。2019 年 5 月 13 日,中共中央政治局会议通过的《长江三角洲区域一体化发展规划纲要》,正式宣告了长三角一体化发展新格局的建立。城市格局的变化为苏州名城保护提供了一个契机,就是古城区可以与城市的其他区域甚至长三角地区的其他城市进行差异化发展,重点发展旅游业和文化产业,擦亮名城之核。

二、产业发展制度与名城保护

(一)产业转移和全面发展

改革开放后,苏州经济开始腾飞。20 世纪八九十年代,以长城电扇、香雪海冰箱、春兰吸尘器和孔雀电视机这苏州家电“四大名旦”为代表的苏州本土产业发展迅速,对苏州经济的恢复和发展起到了重要的作用。但由于当时的产业均集中在城市内发展,对古城交通、住房等配套造成了巨大的压力。所以,在确立古城全面保护策略后,古城内部分污染严重、治理困难、影响景观的工厂、车间,如第四光学仪器厂、缝纫机件厂、冶炼厂[①]等,逐渐搬离、迁出水源保护区、居民稠密区和风景游览区,对古城区当时现有的 96 家工业企业按“三个三分之

① 江苏省地方志编撰委员会:《江苏省志 41:环境保护志》,江苏古籍出版社 2001 年版。

一”的调整方案实施，即分期分批施行三分之一关停、三分之一就地改造、三分之一搬迁①。苏州新区开始建设后，苏州总规（1996年版）就提出，将古城内的工业企业全部迁出、发展第三产业。根据城市规划，2000年老城区计划迁出的工厂和人口主要迁往新区，新区居住人口达25万。随着“一体两翼”格局的形成，2003年苏州古城正式开始实施“退二进三”工程，将工厂迁至苏州新区或工业园区。截至2006年第一季度，苏州老城区中，关停并转、搬迁的工业企业已达200多家，为“寸土寸金”的老城区腾出土地达3000多亩。与此同时，已经有51家企业“退城进区”相继进入专业工业园区大展拳脚，预计全部达产后总产值将达230多亿元，大大超过原来关停并转、搬迁之前近300家工厂的产值总和②。

这一时期，市政府也开始意识到历史文化名城保护对旅游业发展的促进作用。1978年，为了挖掘园林文化、发展旅游业，苏州将发扬园林艺术与促进旅游开发相结合，对园林古迹采取一系列保护和管理措施，进行修缮、维护，并向公众开放。1982年共接待海外游客11.3万多人，比1978年增长1.14倍；1982年市旅游公司所属单位营业额1541万元，全市旅游外汇收入674万美元，相当于当年江苏省分配给苏州（包括市和地区在内）的贸易外汇留成数的82.4%。旅游业的发展带

---

① 冯瑞渡：《历史文化名城——苏州环境保护的实践与思考》，载《江南论坛》1999年第8期。

② 《苏州200多家工厂迁出古城》，载维普网，http://www.cqvip.com/QK/98459X/200604/21564305.html。

来的资金和市场，推动了园林风景点、线的建设和城市基础设施的改善，促进了商业、饮食、交通等行业特别是传统工艺品产业的发展。

（二）古城内旅游业发展和产业转型升级

在第二产业整体迁出古城后，姑苏区开始走上了一条产业转型升级之路。从产业发展角度，古城保护产业协同更新需要突破的问题是“古城保护”与“产业发展”功能协同、古城“保护中发展、发展中保护”有机统一、姑苏区总体产业布局与古城局部产业协同等。2013 年，挂牌启动“现代商务商贸、现代科技教育、现代物流和软件、文创商旅融合”四大产业园建设。重点发展“商贸、商务、旅游、科教和文化创意、现代物流、软件和服务外包”六大产业。姑苏区整合原三区资源，着力推动形成以古城历史文化街区为载体的旅游和文化新经济产业功能区，西部打造科技产业功能区，南部重点布局现代文创设计产业，北部构建现代商务商贸核心功能区。四大产业功能区的布局将有利于姑苏区构建现代综合产业体系，并通过产业升级推动城市建设和管理水平的提升，形成产城互动融合发展的良好局面。从四大功能区的定位看，姑苏区将 19.2 平方公里历史城区定位为古城文商旅融合产业功能区，从标志区域试点性改造、文化新经济高品质发展、产业载体特色化打造、配套举措高精度推行四个方面引导古城保护产业协同更新。

三、经济发展、名城保护和民生改善

(一)古城保护和人口变迁

古城保护需要对古城内人口进行控制,否则无论是公共设施还是民生保障都难以供给。自中华人民共和国成立到20世纪90年代城市建设存在的问题,多是由于产业发展带动人口增长引起,所以控制人口一直是苏州古城保护的目标。1950年,苏州城区人口在40万人左右;1978~1980年就有近2万名到苏州地区各县插队知青、1.4万名赴苏北农场插场的知青和3.6万余名下放苏北的干部、职工、城市居民集中返回苏州,造成这3年间市区人口净增93,043人,相当于1977年年末市区城市户籍人口总数的22%。苏州市区实行的是小郊区模式,只辖有4个乡,市区总面积才119.12平方公里,户籍人口却有56.39万人,人口密度为每平方公里4734人;其中14.2平方公里的古城区内人口密度更是高达每平方公里2.5万人。人口分布极不均衡,城区人口密度过大,严重超负荷[①]。对古城人口进行控制是苏州历次保护规划的目标之一。1956年编制的苏州建设规划(草案)提出:城区人口控制在28万人以内,其余13万人逐步移至城外。1986~2013年诸版保护规划都将古城区人口控制在25万人以内作为目标。到2012年,古城区人口控制的目标基本实现(见图2-3)。

---

① 姚福年编著:《苏州通史:中华人民共和国卷(1978—2000)》(第9卷),苏州大学出版社2019年版,第466、467页。

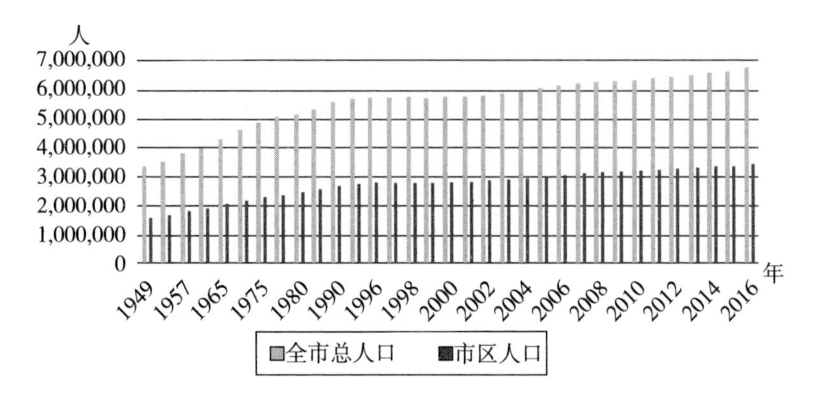

图 2-3 1949—2016 年苏州市区人口变化表情况

资料来源：苏州市地方志编纂委员会编：《苏州市志》(第 1 册)，江苏人民出版社 1995 年版。

到了 21 世纪，古城发展中人口结构的主要问题是主城区的空心化。古城内，尤其是老街坊的年轻人大多已经搬离，剩下的很多都是收入一般的居民、老年人以及租住的外来人，有市民无奈戏称其为“穷、老、外”聚集地。人口老龄化问题是苏州历史文化名城保护所需要面对的一个重要问题。从 1982 年 7 月 1 日苏州市第三次人口普查的数据看，苏州 60 岁以上老人占总人口的 10.3%[①]；按照我国将老年人占总人口比例超过 10% 作为进入老龄社会的标准计算，苏州已经进入老龄化社会。而随着改革开放 40 余年的发展，居民生活水平越来越高、医疗事业不断进步，苏州本地人口的老龄化率也越来越高。一方面，老年人身上承载着更多历史文化的记忆，有利于活态保护的开展；另一

① 姚福年等编著：《苏州通史：中华人民共和国卷(1978—2000)》(第 9 卷)，苏州大学出版社 2019 年版，第 450 页。

方面，老年人安土重迁，也需要更多的社会投入，过多的老年人的存在，不利于古城区城市活力的提升。

对于经济飞速增长的苏州来说，外来人口的增长是必然的；外来人口给城市带来了活力，也是苏州经济飞速增长的一个重要原因。《江苏省2010年第六次全国人口普查主要数据公报》数据显示：2010年苏州市常住人口首次突破千万，达到1047万。到了2011年，苏州全市总人口已达1250多万；其中，户籍人口（含户口待定人口）6,377,730人，外来人口5,391,383人，接近1∶1的比例[①]，成为继深圳市后的全国第二大移民城市。外来移民的增加，虽然带来了城市的空前繁荣，但也造成了房价飞涨、城市公共设施紧张和城市文化变迁等多重问题。苏州有史以来，首次面对这种爆发性的人口增长。人口带来经济高速发展和城市建设迅速改善的同时也给苏州历史文化名城保护提出了的新挑战。

（二）从街坊改造到历史文化片区改造

1. 人口增加和老新村建设

中华人民共和国成立初期，由于大多建设资金投入了生产性建设，对居民住房建设投入不足。“文革”期间，更是常年不修不建，致使房屋古老破旧（1975年，倾斜裂缝和超龄危房占

---

① 《苏州市2010年第六次全国人口普查主要数据公报》，载苏州市统计局官网2012年9月20日，https://tjj.suzhou.gov.cn/sztjj/tjgb/201209/5671326a189b4ea89e02cfc2a638bd2b.shtml。

30%,其中不修即塌的严重危房不少于 20 万平方米[①])。到改革开放初期,随着人口增加、市政拆迁、私房政策落实等,住房紧张的矛盾更为明显。以往一个大族居住的院落内被几家或十几家人占据的现象比比皆是。1981 年年初统计,市区缺房屋"达五万余户"[②]。人口稠密、房屋残破、市政设施落后,无法满足人民群众的基本生活需求,是苏州必须要面对的现实。改善居民居住条件,是当务之急。1977 ~ 1990 年,共翻修房屋 16.2902 万平方米,房屋破旧面貌有所改观。同时,住宅新建也不间断,至 1990 年,在老城区外已建成 5 万平方米以上的住宅区 22 个,其中古城内有 4 个。成批新型住宅区的出现,初步解决了住房拥挤问题,同时也改善了居民的居住条件。

2. 街坊改造

作为历史文化名城保护的一部分,住宅建设必然要考虑在和古城风貌相协调的前提下,实现居住功能的现代化提升。20 世纪 80 年代末,苏州在对 54 个街坊深入分析的基础上,选择了 7 个具有代表性的街坊,并分别对 7 个街坊编制控制性进行详细规划[③]。在政府牵头下,从单个古民居开始,拉开了传统民居保护、改善的序幕。先后选择了十梓街 50 号、十全街 273 号、干将路 144 号和山塘街 480 号作为试点,按照"传统的外貌、现代

---

① 《苏州总体规划说明书(1975—2000 年)》,苏州市城建档案馆城市建设局档案,卷宗号 C2 - 0004,1975 年,第 1 页。

② 《全面保护古城风貌积极建设新区,努力把苏州市建设成环境优美,具有江南水乡特色的现代化城市》,苏州市档案馆城市建设局档案,卷宗号 C26 - 1 - 81,1987 年,第 3 页。

③ 周云、史建华等编著:《苏州古城控保建筑的保护与利用》,东南大学出版社 2010 年版,第 14 页。

化的设施”要求进行改造。在保持民居基本结构完整的前提下，对平面、剖面进行调整，将原来适合大家族居住的空间改造成为适合现代人多户合用又不相互干扰的空间。这种改变，既保护了建筑风貌，保持了地方建筑的传统风格，又改善了居民居住条件，探索出了古城传统古建老宅改造的基本路子①。此次改造尽管从一定程度上改善了“古宅新居”中居民的居住环境，但是受基础设施限制较多等因素影响，受益群体有限，难以从根本上解决问题。同时，这一时期的古城改造以拆迁为主，对一些没有很高保护价值的传统民居一拆了之的做法也遭到了部分市民和一些专家的批评。所以，在经济发展到一定阶段后，在总结 20 世纪八九十年代街坊改造经验的基础上，从 2001 年开始，苏州市启动了平江、山塘、拙政园、阊门、怡园五个历史街区的保护性修复工程。其中以山塘街试验段的保护性修复工程为代表，较好地处理了保护与发展的关系，实现了保护文物古迹古建筑、延续传统风貌、改善居民生活环境、发展旅游业、活力街区的规划目标。在积累了一定经济实力后，苏州从 2011 年起，陆续启动了虎丘地区综合改造、桃花坞历史文化片区整治、老宅子保护利用、古城墙修复、干将路改造等工程。这些重在挖掘历史资源、提升城市景观环境的重大工程，使古城保护的内涵也得到了进一步拓展与延伸。

3. 新时期的城市更新制度

2021 年年末，姑苏区在全省率先出台首个区级“指引”——《保护区、姑苏区城市更新指引》，明确了姑苏区城市更新工作

---

① 许业和：《苏州古城街坊保护更新 30 年历程回顾》，载《江苏城市规划》2012 年第 9 期。

原则、更新途径、实施主体、配套政策及保障措施，推进古城渐进式、片区化和可持续更新，加强地上地下一体化建设，逐步完成古城的活化利用和更新改造。在这一顶层设计引领下，多项关于盘活存量资源活化利用等更新政策先后出台，助力姑苏区不断探索古建老宅、传统民居等资源更新利用新路径。新时代的城市更新，是在不断推动城市前进与发展基础上的“更新”；是以片区化改造为抓手，从产业布局、风貌协调、现代化生活入手，开展让古城适应新时代发展的更新活动。

（三）保护中的民生改善

改革开放后，古城保护逐渐往纵深推进，经过零敲碎打的点、线式保护和区分重点、非重点的有限保护的街坊改造阶段。市、区两级在古城保护中，围绕古城活态保护这一战略核心，坚持古城保护“既要见物，也要见人”的思路，打造了一批关系全局、影响重大、附加值高的骨干工程，优先安排活化保护的重点项目，将单一保护项目拓展到古城民生工程、文旅综合开发、历史保护研究等多元项目，为实现古今辉映历史文化名城的目标打下坚实基础。2012 年起，逐步拓宽项目储备库的内涵范围：虎丘地区综合改造、桃花坞历史文化片区综合整治保护利用工程加快推进，相门、平门、阊门段古城墙保护性修复顺利完成，古建老宅、古村落保护修缮取得成效[①]。居民家庭“改厕”、危旧房

---

① 《2013 年苏州市政府工作报告》，载苏州市人民政府网 2013 年 1 月 7 日，http://www.suzhou.gov.cn/szsrmzf/zfgzbg/201301/2458f018fa5f48f7b57887f3e9f3de6b.shtml。

解危改造、老住宅小区环境专项整治等一批与古城居民息息相关的民生实事项目相继完成,协调推进城市轨道交通建设,有序开展街区管线入地工程,环古城健身步道贯通,人居环境持续改善。2016 年,姑苏区出台《2016—2020 年姑苏区、保护区文化产业发展实施纲要》,推动文、旅、商、创的融合发展,打造姑苏 69 阁、5166 影视多媒体产业园等新产业集聚载体,开展传统民俗文化活动,持续落实文化遗产传承保护责任。2014 年 6 月,在第 38 届世界遗产大会上,"中国大运河"被列入《世界遗产名录》。苏州的护城河、胥江、上塘河、山塘河 4 条运河故道以及山塘历史文化街区(含虎丘云岩寺塔)、平江历史文化街区(含全晋会馆)、盘门、宝带桥、古纤道等 7 个相关点段被纳入世界文化遗产"中国大运河"范畴。重点保护工程的推进,一方面改善了古城的人居环境和整体风貌,另一方面也充分惠及了民生;凭借入选世界文化遗产的契机,提高了市民的保护意识和理念,引导市民参与保护。

近年来,苏州市试图通过对古建老宅的翻新、复建、修缮、成片改造等,再现历史文化风貌,丰富古城旅游场景,提炼历史名城纯度。综合改造项目与民生改善的关系就比较密切了。虎丘综合改造、桃花坞、渔家村项目等工程都涉及大量的居民动迁和房屋修建。在保护过程中,进一步提高了所有居民的居住水平和生活质量。同样,为了提升古城的整体环境,2019 年苏州市开展的纵深推进城市环境提升"百日行动",以老旧小区、背街小巷环境美化提升为重点,累计拆除各类违建 12.4 万平方米,清理卫生死角3万余处,清除积存垃圾2.9万余吨,201个老旧小区和200条街巷完成环境提优,古城环卫保洁达到景区化管理标准,深层次解决了许多群众身边的突出市容问题。[①]

(四)古城保护和吴文化的复兴

非物质文化是历史文化名城的灵魂。苏州的文化,一般被认为是吴文化,即吴地文化,也称“太湖文化”,是来自太湖流域的民众创造的一切物质财富和精神财富的总和,是中国“龙文化”的一个重要组成部分。[②] 苏州历史文化悠久,积淀了传统戏剧、音乐、舞蹈、游艺、美术、饮食、医药及地方曲艺、民间文学、地方民俗等非物质文化遗产。“文革”期间,苏州的非物质文化遗产普遍遭受严重的摧残,不少已身处绝境。改革开放以后,通过逐步完善法规、规章、组织机构和人才队伍建设,开始形成一条政策性扶持与生产性保护相结合、文献传承与活态传承相结合的非物质文化遗产保护传承之路。2001年5月18日,苏州传统戏剧昆曲被联合国教科文组织列为世界第一批“人类口述和非物质遗产代表作”(后更名为人类非物质文化遗产代表作)。评弹、御窑金砖、苏绣等一系列苏州非物质文化遗产代表都延续了传承,并在新的历史条件下重现光辉。除文化遗产的保护外,苏州也重视非物质文化遗产和传统风俗习惯的保护。

---

① 《2013年苏州市政府工作报告》,载苏州市人民政府网2013年1月7日,http://www.suzhou.gov.cn/szsrmzf/zfgzbg/201301/2458f018fa5f48f7b57887f3e9f3de6b.shtml。

② 李勇:《百年中国渔文化研究特点评述》,载《甘肃社会科学》2009年第6期。

1. 文化遗产的保护

评弹、昆曲、古琴、滑稽戏等是文化遗产保护的重点对象，同时也是富有地方特色的产业。要加强对拥有该类技艺的原住民的保护，为其提供政策和资金等方面的支持；同时加快培育这方面的演艺业，多生产人民群众喜闻乐见、市场适销对路、形式丰富多彩、内容健康向上的文化产品，既能使其在市场大潮中强筋健骨，又能实现“活态保护”。

2. 传统文化习俗的保护

民俗文化传承保护是古城保护的历史责任。以“轧神仙”“迎财神”为代表的庙会、民俗活动，是历史文化根基的一部分；城市创造要赋予庙会这些习俗新的内涵，加强组织、监督，吸取事故教训，展现古城保护的能力。

3. 方言的保护

方言是地域文化的鲜明标志，一个地区最突出、最直接的历史文化载体就是语言；它也是一个民族或群体历史记忆的工具，具有滋养与传播地域文化的作用。因此，对苏州古城来说，吴方言的传承与保护至关重要。可在城区内中小学中，增强文化遗产尤其是非物质文化遗产的教育与宣传，推广苏州话辅助教育，并增加苏州话教学，使原住民后代逐步熟悉并认可苏州文化，维系感情纽带；部分电视频道可采用苏州话主持。

4. 传统生活方式的维系

一是古城区传统街巷的保护，维持原住民在街巷中缓慢而平和的生活节奏；二是古城区户外邻里交往活动空间的保护，如水井、大树、河埠头等周围的公共空间;三是古城区河流水系的保护,使原住民回归传统的水乡生活;四是苏式食品、传统戏曲等民俗文化的保护,如苏式菜肴、苏式面点、苏式糕点、评弹、折子戏等,保持与丰富原住民传统饮食以及娱乐方式。

第三节　名城保护制度体系建立

名城保护的制度体系广义上可以包括正式制度和非正式制度。正式制度除了城市规划外,主要是名城保护立法和相关规范性文件的制定、主要的保护机构调整等;非正式制度包括市民参与、基于保护的传统习惯等。本节主要对正式制度进行梳理。

一、名城保护立法的推进

苏州自 1982 年被国务院列入首批 24 个国家历史文化名城以来,各种历史文化名城保护立法、规范不断出台,逐步形成了较为完善的覆盖城市规划与建设、文物保护、环境保护等为一体的历史文化名城保护制度体系。

20 世纪 80 年代,苏州尚没有地方立法权,所有的规范都以文件名义发布。这一时期主要针对城市建设与管理发布了大量的规定,如 1984 年 5 月 31 日市政府印发城乡建设局《关于当前古城内城市建设规划管理的实施意见》、1986 年 1 月 4 日市政府转发市城管办《关于迎接纪念建城 2500 年,切实搞好城市管理工作的意见》、市第九届人大常委会举行第五次会议审议通过的《苏州市房屋拆迁安置暂行办法》等。同时,在全面保护理念的指导下,在环境保护、文物保护上也制定了大量规定。如1984年,市政府试行了市园林管理局制定的《苏州市城市绿化保护管理办法(试行)》,批转了《关于实行苏州市古树名木保护管理暂行办法》;市人大常委会审议通过《苏州市环境保护管理暂行条例》等。

1993年,经国务院批复,苏州市成为“较大的市”,根据当时《地方各级人民代表大会和地方各级人民政府组织法》的规定拥有了地方立法制定权。这一时期,苏州市在名城保护方面的立法成绩斐然,基本形成了历史文化名城保护制度体系,基本覆盖了整体保护、规划建设、城市管理、文物保护、环境保护和非物质文化遗产专项保护等全部领域。在整体保护方面,苏州市也先后出台了《苏州市文物保护管理办法》《苏州市历史文化名城名镇保护办法》等法规、规章和规范性文件,对文物保护的原则进行细化,对名城保护的范围、原则、保护内容等进行了全面的规范;在城市建设和管理上,苏州市先后出台了《苏州市城市规划条例》《苏州市城乡规划条例》等一些法规、规章、规范性文件,对城市建设与管理行为进行了规制;在物质文化遗产专项保护方面,针对园林、河道、古建筑、古树名木等,先后出台《苏州园林保护和管理条例》《苏州市市区河道保护条例》《苏州市古建筑保护条例》等地方法规和地方政府规章,同时也配套出台了《苏州市城乡规划若干强制性内容的暂行规定》

《苏州市城市紫线管理办法(试行)》等规范性文件;在非物质文化遗产保护上,出台了《苏州市昆曲保护条例》等,对非物质文化遗产进行保护;另外还出台了《苏州市风景名胜区条例》《苏州市古村落保护办法》等历史文化名城保护相关的法规和规定。

二、纲领性地方立法出台和立法保护范围的进一步扩大

2018 年 3 月 1 日,《苏州国家历史文化名城保护条例》和《苏州市古城墙保护条例》正式实施,古城保护总领性制度出台,为姑苏区更好地开展工作提供了坚强的法律支撑。《苏州国家历史文化名城保护条例》共 49 条,涉及重点保护历史城区、齐抓共管管理机制、规定保护内容和要求等诸多内容。为确保各项保护工作落到实处,《苏州国家历史文化名城保护条例》按照政府职责、议事协调机构及其办事机构职责、市有关部门职责、市和区管理体制改革创新以及相关区人民政府工作要求的顺序,对苏州国家历史文化名城保护相关的各个主体的管理职责作了规范[①]。值得一提的是,《苏州国家历史文化名城保护条例》的内容,基本延续了历次规划和 20 世纪 80 年代开始制定的各类法规、规章和规范性文件的规定。在保护范围上,《苏州国家历史文化名城保护条例》规定,苏州国家历史文化名城保护

---

① 《关于〈苏州国家历史文化名城保护条例〉的说明》,载江苏省人民代表大会常务委员会网,http://www. jsrd. gov. cn/zyfb/hygb/1233/201801/t20180122_487755. shtml,最后访问日期:2023 年 9 月 9 日。

的重点是历史城区，具体范围为苏州历史文化名城保护规划确定的一城、二线、三片。同时对历史文化名城保护的对象进行了明确，包括历史城区的整体格局与风貌、历史文化街区、历史地段、河道水系、文物保护单位、苏州园林、古建筑、古城墙、传统民居、非物质文化遗产等。将以往以单行条例、规章形式确立的保护内容全部纳入保护范围，并且首次将传统民居纳入保护范围，说明了苏州的保护将突破以往的片区保护模式，转向对古城风貌的整体保护。《苏州国家历史文化名城保护条例》的出台，对苏州构建完整的古城保护法规体系起到了统领作用；对更好地保护苏州古城历史格局、传统风貌以及优秀传统文化，进一步提高古城保护水平有着重要意义；为建成古今辉映的历史文化名城提供了有力的法治保障。[①] 同年，苏州市还出台了《苏州市古城墙保护条例》，该条例共计25条，涉及保护原则、政府职责、资金保障、保护范围、建控地带等内容。《苏州市古城墙保护条例》理顺了古城墙管理机制，在古城墙的保护规划、管理体制和资金保障等方面与《苏州国家历史文化名城保护条例》进行了全面衔接，将古城墙保护纳入规范化法治化轨道。

这一时期的立法，最重要的是历史文化名城保护纲领性地方立法的出台，立法保护范围覆盖面广。《苏州国家历史文化名城保护条例》成为苏州历史文化名城保护的制度总纲，也标

---

① 《关于〈苏州国家历史文化名城保护条例〉的说明》，载江苏省人民代表大会常务委员会网，http://www.jsrd.gov.cn/zyfb/hygb/1233/201801/t20180122_487755.shtml，最后访问日期：2023年9月9日。

志着名城—名镇—名村三级立法体系的完成。同时期出台的《苏州市古城墙保护条例》细化了对古城墙的全面保护;《苏州市非物质文化遗产保护条例》强调了对非物质文化遗产保护;《苏州市古村落保护条例》规范了对苏州现存的古村落的全面保护;《苏州市江南水乡古镇保护办法》将江南水乡古镇保护对象从点、线、面三个层面有机结合起来,强调了对江南水乡古镇的整体性保护,均成为名城保护法规体系的重要组成部分。2016 年,对《苏州市城市绿化条例》《苏州市城市市容市政和环境卫生管理条例》《苏州市园林保护和管理条例》《苏州市实施〈中华人民共和国文物保护法〉办法》等地方性法规进行了集中修订,完善了名城保护的正式制度体系。新成立的历史文化名城保护区政府,则在这些相对原则性的上位法规定的基础上,以历史城区为管理对象范畴,研究制定了大量操作性好的规章规范、技术标准,不断细化相关规定,逐步丰富和完善制度体系。2018 年以后,陆续编制了历史城区保护补偿补助办法、历史文化街区产业管控指导意见、"城市客栈"规范化管理等制度,丰富和细化了历史文化名城保护制度。对古城街区业态控制、古城综合执法、历史文化街区管理等研究也在不断进行,拟出台相应规范文件。

三、保护机制的改变和保护手段的突破

历史文化名城保护区成立后,苏州市、姑苏区两级政府,在历史文化名城保护的体制机制上进行了重大的调整。市级层

面，成立由市委书记、市长牵头的市级组织领导机构，设立古城保护办公室，出台《关于加强苏州国家历史文化名城保护和管理的意见》；区级层面，区委书记、区长扛起国家历史文化名城保护的第一责任，成立区级保护领导小组，推动完善相关职能。市级古城保护办公室和指挥部体系，在保护方案制定、具体项目实施上可以发挥统筹协调作用。而区级层面，则可以在此基础上，完成城市设计、街坊控制改造等具体项目的落实，同时，进一步完善资金筹措、公房出租交易管理、地下空间利用等方面的配套政策和制度。具体手段上，随着互联网、物联网技术的发展，姑苏区开展了古城保护和管理大数据中心二期建设，融合物联网、大数据等新一代信息技术，构建立体式的数字化保护体系。

目前，虽然在管理体制机制和保护手段上有了重大的突破，但全面保护古城风貌是守正创新、继往开来的一项系统工程。受多因素制约及古城保护资金缺乏的影响，区政合一制度优势未能充分释放、体制机制活力尚未充分显现、政策体系不够充分完善、保护利用模式还不充分到位、社会公众没有充分参与等问题，仍然困扰着新一代的保护区政府。

第四节　保护机构设置的变迁

一、改革开放前的名城保护机构设置

我国文物保护的机构设置一直存在，但在不同时期文化部

的设置几经变迁:1970 年 6 月至 1975 年 1 月,根据国务院机构精简方案,撤销文化部,成立国务院文化组。1975 年 1 月,撤销国务院文化组,设置文化部。苏州市在中华人民共和国成立后就设立了苏州市文物保管委员会;“文革”期间,文物保护事业在政策层面一度停滞。经过中华人民共和国成立初期的多次调整,1958 年 7 月 8 日开始,苏州市下设平江、沧浪、金阊三区,[①]虽然此三区在“文革”期间名称有所改变,但这一区划一直延续至姑苏区成立。虽然文物保护机构的合并调整比较频繁,但总体来讲机构一直存在,工作也实际开展(见表 2 - 1)。

表 2 - 1　中华人民共和国成立后苏州市名城保护管理机构沿革

日期	机构名称	备注
1950 年 7 月 26 日	苏州市文物保管委员会	
1953 ~ 1960 年	苏州市园林古迹修整委员会	1960 年后取消
1953 年	苏州市政府文教局设苏州园林管理处	具体开展私家园林的保护工作
1954 年 3 月 10 日	撤销苏州市文物保管委员会	文物图书移交江苏省博物馆筹备处
1954 年 8 月 14 日	筹建苏州市文物保护古迹委员会	与苏州市园林管理处合署办公
1954 年 10 月	恢复苏州市文物保管委员会名称	
1956 年 3 月 5 日	苏州市市政建设委员会正式成立	

① 苏州市地方志编纂委员会编:《苏州市志》(第 3 册),江苏人民出版社 1995 年版,第 131 页。

续表

日期	机构名称	备注
1958 年 1 月	苏州市文物保管委员会与园林管理处分设	
1960 年 1 月	苏州市文物保管委员会与苏州博物馆合署办公	
1977 年 8 月	苏州市文物保管委员会改称苏州市文物管理委员会	
1981 年 12 月	苏州市文物管理委员会下设办公室,与文化局文物科合署办公	具体负责全市文物事业对下属县市的文物工作进行业务指导

资料来源:苏州市地方志编纂委员会编:《苏州市志》(第 3 册),江苏人民出版社 1995 年版,第 1033 页。

二、1982~2012 年的名城保护机构设置

(一)地方政府变迁和主体责任

《国务院名城保护条例》第 5 条规定:“国务院建设主管部门会同国务院文物主管部门负责全国历史文化名城、名镇、名村的保护和监督管理工作。地方各级人民政府负责本行政区域历史文化名城、名镇、名村的保护和监督管理工作。”明确了中央和地方两级历史文化名城的管理部门。地方政府在历史文化名城保护中承担主体责任。1983 年 1 月 18 日苏州地区行政公署撤销,1983 年 3 月苏州实行市管县新体制,原苏州地区(专署)8 个县中的常熟、沙洲、太仓、昆山、吴县、吴江 6 个县划归苏州市管辖(常熟同时改为县级市)。苏州市区仍下辖平江、沧浪、金

阊三区。[1] 这一时期,各类机构设置基本完善。苏州各市、区都设立了历史文化名城名镇保护管理委员会来统筹辖区内名城保护工作。苏州市政府还设有古城保护建设办公室,承担保护建设方面的研究工作。由于没有常设机构,名城的日常保护工作主要由苏州市文物局负责牵头。

(二)规划、文物主管部门的设置

历史文化名城保护的对象不仅是文物古迹,其内容是非常丰富的,所以历史文化名城保护机构也不可能是单一的部门。除了地方政府承担统筹责任外,地方政府各部门在各自的职责范围内也行使着历史文化名城的保护职责。1982 年 5 月,根据第五届全国人大常委会通过的《国务院部委机构改革实施方案》,将文化部、对外文化联络委员会、国家出版事业管理局、国家文物事业管理局和外文出版发行事业局 5 单位合并,设立中华人民共和国文化部。1987 年 6 月,文化部文物事业管理局改为国家文物事业管理局,仍由文化部领导,但独立行使职权,计划、财政、物资分配等计划单列。1982 年《文物保护法》第 8 条确立了历史文化名城的管理由文化行政管理部门和城乡建设环境保护部门共同进行这一模式。苏州地方层面,1977 年,市文物保管委员会更名为市文物管理委员会;1981 年 12 月,于市文物管理委员会下设立办公室,与市文化局文物科合署办公,具

① 苏州市地方志编纂委员会编:《苏州市志》(第 3 册),江苏人民出版社 1995 年版,第 118 页。

体负责管理全市文物事业，包括对市文化局直属博物馆、文保所和文物商店等基层单位的管理；1983 年以后，还要对常熟市、沙洲县、昆山县、太仓县、吴县、吴江县的文物工作进行业务指导①。

苏州市文物局成立，专门负责文物保护工作。文化行政管理部门和城乡建设主管部门为历史文化名城保护的主管部门。同时，园林、旅游、宗教事务等管理部门在历史文化名城保护中同样起着重要的作用。

（三）园林主管部门的设置

因为“园林甲天下”，苏州等城市还设置有园林局这一专门的管理部门，对古典园林进行管理。中华人民共和国成立之初，苏州市政府设立园林修复委员会和园林管理处；改革开放后，成立市园林管理局；21 世纪初，更名为市园林和绿化管理局（政府工作部门），不断强化了对古典园林、风景名胜区、城镇绿化保护、建设和管理的职能。2019 年 3 月，根据苏州市委办公室、市政府办公室《关于印发〈苏州市园林和绿化管理局职能配置、内设机构和人员编制规定〉的通知》（苏委办发〔2019〕62 号）的规定，全市林业管理和森林防火工作职能划入市园林和绿化管理局。目前，局直属 20 个事业单位（副处级 2 个、正科级 18 个），其中全国地级市唯一的联合国二类国际机构——亚太地区遗产

① 参见苏州市地方志编纂委员会编：《苏州市志》（第 3 册），江苏人民出版社 1995 年版，第 18 页。

培训与研究中心(苏州)设在市园林和绿化管理局。[①]

（四）城市管理部门的调整

1981年3月28日,经省政府批复同意,市人民政府防空办公室、市建筑工程局、市城市建设局、市园林管理局、市房地产管理局、市环境保护局等单位为市政府工作部门。1981年5月15日,苏州城市管理委员会成立。1984年,建立健全市区两级房地产管理工作系统,市房地产管理局和市房地产经营公司两块牌子一套机构的设置不变。各城区成立区房地产管理局和房地产经营公司,两块牌子一套机构。原属市管的房管所、修建工程队和材料供应站等8个单位,分别划归各区房地产管理局领导。1985年9月9日,苏州市城市管理监察大队成立。1990年3月27日,市政府明确苏州市规划局为苏州市规划行政主管部门。

（五）旅游和风景名胜区管理机构的设置

在古城区范围内,有寒山寺、盘门两大风景名胜区。根据《风景名胜区条例》的规定,旅游主管部门是风景名胜区的主管部门,苏州市旅游局也在历史文化名城保护中承担着相应的职责。1990年2月23日,苏州市政府批准成立苏州市寒山寺风景名胜区管理委员会。该委员会成员由金阊区、市旅游局、园林局、文化局、民族宗教事务处等有关单位的负责人组成,具体承

---

① 参见苏州市园林和绿化管理局、苏州市林业局网,http://ylj. suzhou. gov. cn/szsylj/jbgk2/nav_wztt. shtml,最后访问日期:2023年9月9日。

担风景名胜区的日常管理工作。

三、2012年以后的名城保护机构设置

（一）2012年的三区合并改革

2012年，苏州市名城保护的机构设置发生了重大变化。根据江苏省人民政府文件《关于调整苏州市部分行政区划的通知》（苏政发〔2012〕116号）、《关于同意设立苏州国家历史文化名城保护区的批复》（苏政复〔2012〕59号）的规定，苏州市设立苏州国家历史文化名城保护示范区，与姑苏区合署办公。中共苏州国家历史文化名城保护区工作委员会（以下简称“党工委”）、苏州国家历史文化名城保护区管理委员会（以下简称“管委会”），为中共江苏省委员会、江苏省人民政府的派出机构，副厅级建制，委托中共苏州市委员会、苏州市人民政府管理。党工委、管委会与姑苏区委政府实行“区政合一”的管理体制，对姑苏区、保护区实施统一领导和管理。将原平江区、沧浪区和金阊区整体纳入保护区范围，进行统一规划管理。原本分散在文物、建设、规划、土地、房管、旅游、文化等多个部门的职能，由古城保护和规划国土局、历史街区景区管理局、文化商旅发展局和新城建设发展局这4个专设机构取代，它们分别负责古城的规划、保护、利用和发展。这样的机构调整，解决了多年来困扰苏州古城保护的机构、主体、统筹等问题。对于加快构建统一的历史文化保护体系，进一步健全历史文化名城保护制度，更好地保护苏州古城历史格局、传统风貌和优秀传统文化，都具

有重要的意义。姑苏区委政府、党工委、管委会设工作机构为副处级建制，各工作机构内设机构均为副科级建制。管委会工作机构 4 个，正处级建制，各工作机构内设机构均为正科级建制；姑苏区政府派出机构 3 个，副处级建制，各派出机构内设机构均为副科级建制。

（二）区级保护机构进一步完善

1. 区级政府机构的调整

2017～2019 年，在国家推动政府机构改革的大背景下，姑苏区政府对机构设置进行了新一轮的改革。姑苏区立足整合保护力量和资源要素，进一步深化大部制改革，积极探索古城保护的姑苏模式，调整优化部门和街道机构设置，区级共设置党政职能机构 28 个（党委 7 个、区政府 21 个）；实行片区、新城与街道“区政合一”管理模式，把原有的 17 个街道整合为 8 个，新设 5 个历史文化片区管理办公室，逐步提升基层治理能级。其中党政办公室、古城保护委员会、城市管理委员会、住房和建设委员会、文化教育委员会为正处级建制，其余为副处级建制。姑苏区党委政府设置派出机构 3 个，副处级建制。

2. 姑苏区法院、检察院等设置历史文化名城保护专门机构

为进一步加强古城资源保护和历史文化传承，姑苏区法院，借国家设立环境和资源保护法庭的契机，组建了历史文化与环境保护审判庭。姑苏区检察院也设立了名城保护相关的检察处室。法检机构有历史文化名城保护特色的设置，也进一步体现

了历史文化名城保护区机构设置的特色。

(三)2012 年以后历史文化名城市级保护机关的设置

2019 年,苏州市完成了政府机构改革,历史文化名城保护相关市级机关的设置也有所调整。比较重要的变化有两个:一个是规划局撤销,与国土局合并,成立自然资源和规划局。历史文化名城保护规划职能调整至自然资源和规划局。另一个是旅游局撤销,旅游局相关职能与文化局合并,成立苏州市文化广电旅游局,同时挂文物局副牌。这两个机构一直以来是历史文化名城保护的主要部门,此次合并,也体现了文旅融合的新的发展理念和整体保护的思路。

虽然区级层面已经成立了国际历史文化名城保护区,但在文物保护领域的专业力量仍在市级。除了文物局继续以二级局的形式存在外,从文旅局机构设置看,与文物保护和历史文化名城保护相关的市级事业单位如市文保所、考古所以及各类博物馆等,均系文旅局下属事业单位。

第三章　名城保护制度发展动因分析

分析 70 年以来名城保护历程，我们可以清晰地看到，在历史文化名城的保护发展过程中，无论是经济发展、城市建设，还是民生改善，都与相应的制度构建存在一定联系。历史文化名城保护制度的形成，对苏州的经济社会发展和人民生活改善都起到了推动作用，使苏州在全国 130 多个历史文化名城中脱颖而出。借鉴苏州这一案例和全国其他名城保护的发展，在此对名城保护制度发展的动因进行简单分析。

第一节　历史环境是名城保护制度形成和变迁的动力

一、经济发展模式的改变催生了历史文化名城保护制度

马克思主义经典理论认为,经济基础决定上层建筑。任何一项制度的产生,与其经济基础均是密不可分的。改革开放前,我国实行的是高度集中的计划经济体制,地方经济发展从属于中央计划控制。地区经济实力薄弱,地方政府难以制定和组织实施体现自身特点的经济发展战略。该时期中央政府的路线、方针和政策决定了苏州和其他多数城市经济发展模式和城市格局的变化。从中央政府的宏观政策和制度来看,1954 年规定,"国营企业经市人民政府批准占用的土地,不论是拨给公产或出资购买,均作为该企业的资产,不必再向政府缴纳租金或使用费"[①]。在中华人民共和国成立之初,企业大多依托收缴的私人住宅建设,苏州的各项基本项目均在古城内发展。计划经济下,在中央政策指导下,苏州市政府逐步改造和建设古城,但缺乏对古城历史特点的考虑,一度将城市定位为"生产性公园化城市",大力发展生产,造成了生产性投资和非生产性投资的比例失调("二五"期间生产性投资比例高达 88%,"三五"和"四五"期间生产性投资比例更是高达 90%[②]),也造成了对古城巨大的破坏。在这种经济发展模式下,地方政府的主要精力在发展生

① 王育琨等:《中国:世纪之交的城市发展》,辽宁人民出版社 1992 年版,第 228 页。

② 参见《苏州市新中国成立以来国民经济主要统计指标(1949—1978)》。

产,没有能力开展全面的古城保护,更谈不上名城保护的制度建设。值得庆幸的是,受限于当时的企业大多还是作坊式的生产为主,没有因为企业要求大面积地进行企业化改造,才使苏州的城市格局没有受到致命的破坏。

改革开放后,市场经济制度得以在国内确立,以市场为导向的资源配置方式,使地方政府在制定城市政策时更具有自主性;在国家历史文化名城保护制度出台的大背景下,一贯重视保护的苏州政府就率先出台和完善了历史文化名城保护制度。同时,市场经济发展使狭小的古城空间无法容纳产业的发展,从而引导了苏州的产业向交通更便利、产业集聚更充分的周边地区发展,也促使了苏州古城的产业迁出,缓解了古城保护与经济建设的冲突。从全国范围看,多数没有得到保护的城市,主要是由于没有协调好城市发展与名城保护的关系,为了发展经济对城市进行大规模改造,造成了大量的古迹、古民居被成片毁损,在意识到保护时就只能实现点状保护,没法实现整体保护了。

在苏州名城保护过程中,市场经济自发性的劣势也有体现,如为了古城保护,大量工厂迁出古城后,古城内产业结构出现了失衡,一些不正规餐饮服务行业、废旧物资回收行业、五金加工行业和农副产品交易行业充斥市场,给市区商业、居住环境造成了重大的影响。而劣币驱逐良币,这些行业的存在,挤压了旅游业、文化创意产业的发展空间,进一步造成了古城经济的“空心化”。在这一背景下,苏州不断发展完善了历史文化名城保护制度,在充分利用“看不见的手”进行调节的基础上,通过制度约束,规定历史城区的产业业态应当符合保护规划的要求。姑苏区人民政府应当依法制定产业引导、控制和禁止目录[①]等，对落后产业进行淘汰，来实现古城的保护。

二、现代化发展推动了历史文化名城保护制度的建立和完善

（一）现代化发展与名城保护的目标协调

历史文化名城保护的制度价值是多元的，从国内外的保护实践看，历史文化名城保护的价值目标主要包括如图 3－1 所示的几个方向。

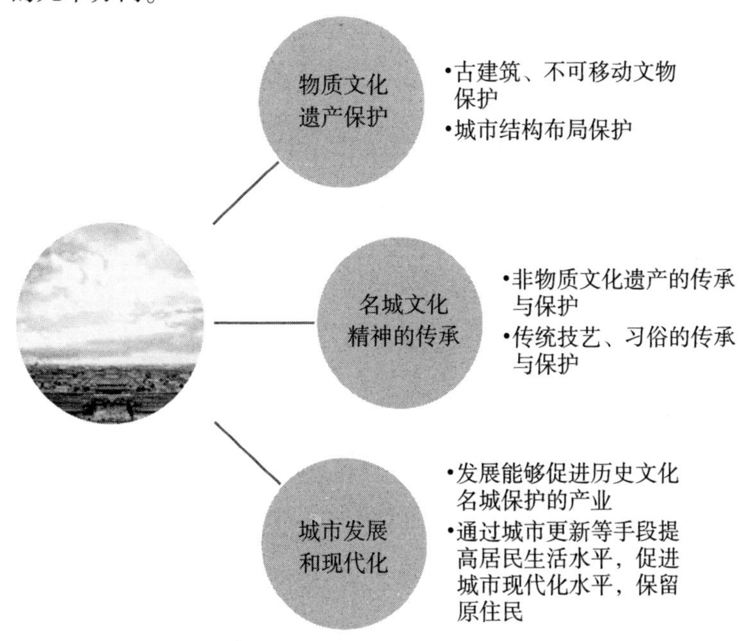

图 3－1 历史文化名城保护的价值目标

---

① 《苏州国家历史文化名城保护条例》第 36 条。

物质文化遗产保护和现代化,分属名城保护中的两大主要目标。在任何一个历史文化名城保护的过程中,这两大主题都是不变的,是属于名城的主要价值目标。而在保护目标中,现代化与保护是一对矛盾。以往在研究历史文化名城保护和现代化的关系的时候,我们更多是从对立层面上去论述的,如 1982 年 3 月 20 日,中共江苏省委向中共中央、国务院作了《关于保护苏州古城风貌和今后建设方针的报告》,提出"要在保护古城风貌的前提下,改造环境,改造各项服务设施,使之逐步符合现代化的要求"。但实际上二者的关系比较复杂,并不是单纯的对立。比如,现代化发展中的民生改善与历史文化名城保护的目标就是一致的。

现代化的进程是从欧洲工业革命开始的,很长一段时间内现代化被等同于工业化。工业现代化是近代中国的梦想;而在历史文化名城保护之初,大家认定的现代化也基本是理解为工业现代化。如果把现代化等同于工业化的进程,那么对城市进行工业化改造难免会带来文物古迹的损坏和传统格局的破坏。从前文苏州历史文化名城保护的历程阐述中我们也可以看到,在中华人民共和国成立初期,大量的古宅、园林被改造为厂房,造成了古建筑的大面积破坏。这一工业化浪潮席卷农村的时候,也有大量的古镇、古村落在建设中被破坏。城市与自然聚落形成的村庄、集镇不同,其一直是人为设计的产物。不管城市化进程可能产生什么样的结果,它都是为实现生产、流通、交换和消费的物质基础设施而进行的创造。[①] 而现代化过程中，所有城市都面临着生产生活方式的巨变带来的城市发展的无序状态。在近代，城市发展更多是围绕工业产业组织而进行的城市改造；而我国的历史文化名城，大多是因为传统商业集聚和安全防卫功能而建造的，与工业化城市的发展不相适应。如果仅考虑工业组织的便利，不考虑传统城市的文化价值的话，其改造必然是不利于历史文化名城保护的。比如拆城墙运动，实际上就是工业现代化和传统保护的冲突的集中反映。以现代的眼光审视当时的行为会认为是不理性的；但站在工业化初期的视角来看，城墙阻碍了工业生产组织，原材料和产品的运输均受限，所以拆城墙运动在当时也是得到了很多人的支持的。

现代化进程中，另一个对历史文化名城制度形成有重大影响的是现代居民生活方式的转变。古代即便非常发达的商业城市，其居民生活还是更贴近农业文明的生活方式，每天日出而作、日落而息。但随着现代化的发展，人民生活水平的提高，城市居民对于住房、交通、公共配套设施的需求都大幅增加。而历史文化名城狭小的城市空间，无法容纳这样庞大的需求，必须对城市进行改造。为了适应汽车出行方式，马路拓宽、停车泊位设置都是目前困扰很多城市的难题。为了保证城市居民更大的居住空间，房地产业的无序发展，也可能对历史文化名城造成巨大破坏。由于房地产开发商追求利益的最大化，不管工业、农业、

---

① ［英］大卫·哈维：《资本的城市化：资本主义城市化的历史与理论研究》，董慧译，苏州大学出版社 2017 年版，第 13 页。

旅游业，都能搞成房地产业，任何产业一旦以房地产开发为主，就会拉高土地成本，阻碍其他产业的发展，导致城市经济不能向有利于名城保护的方向调整。同时，现代房地产施工水平的提高，导致很多地方都建高楼大厦，打深基坑，对地下文物可能造成巨大破坏。有专家就指出，20 世纪 90 年代开始的房地产建设对文物的破坏，远超“文革”时期。这就是指地铁施工、基坑作业对地下文物的破坏巨大。历史文化名城保护制度在发端之初，就是针对现代化进程中的城市建设行为的约束；其后，随着现代化的发展，其制度内涵不断地丰富。

（二）现代化对历史文化名城保护制度的正向促进

现代化的过程也是城市发展的过程，是一个城市经济实力逐步增强的过程；可以说没有城市经济的发展，任何保护都是不持久的。

首先，现代化发展保证了历史文化名城保护制度的落实。江苏省、浙江省目前能够大搞历史文化名城、名镇保护，还是与这两省强大的经济实力相关的；如果没有强大的资本积累，很多保护制度要求的原址保护、划出建筑控制地带、修旧如旧等基本无法完成。苏州古城作为最具历史意义的古城之一，同样也面临着现代化和工业化带来的冲击。但其产业外迁和迅速增长的经济实力，奠定了苏州历史文化名城保护的经济基础（见图 3－2）。修旧如旧，依托历史文化遗产本身的传统风貌，吸引游客的集聚产生商业效益，与造个仿古街收取门票的改造方式是完全不同的;没有一定的经济实力,是很难保证大量投入,而不追求短期经济效益的。

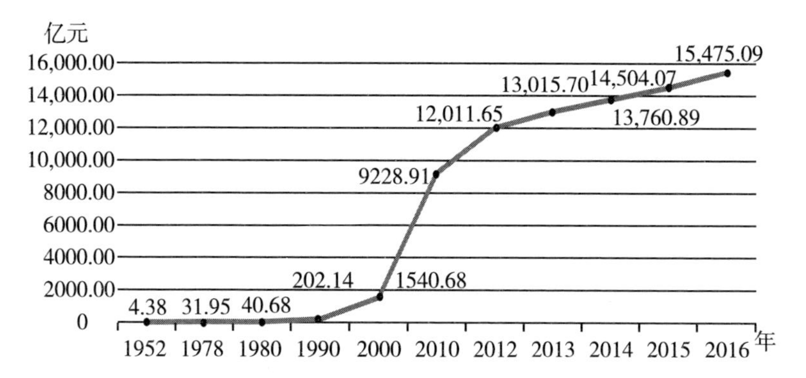

图 3－2　中华人民共和国成立后至 2016 年苏州地区 GDP 增长状况

资料来源:苏州统计年鉴 2017。

其次,现代化的发展,产生了很多新的工艺和手段。在传统建筑维修领域,我们以往的钢筋混凝土的建筑材料和工艺手段,都难免会造成建筑风格的破坏,所以传统建筑领域一直强调修旧如旧。随着新的工艺、材料的发明,在保持原有砖木结构不变的情况下,新的榫卯材料,能够给房屋带来更大的安全性,且不影响房屋的整体风貌。而且,空调设备的使用能够克服古建筑冬天过冷的不利条件,现代的电灯等也降低了古建筑的火灾安全隐患。所以从技术上看,现代化和历史文化名城保护也是可以相融合的。

第二节　历史文化名城保护执行者是保护制度发展的主要推动力

一、党的领导决定了历史文化名城制度发展的方向

中国的各项制度建设都离不开党的领导。党的执政方式主要表现为党对国家政权机关的领导方式。就执政党与国家政权的关系而言,要按照党总揽全局、协调各方的原则,科学规范党和国家政权机关的关系。党的领导应该是高瞻远瞩的战略领导,是总揽全局的大局领导,是组织协调重要关系的原则领导。[①] 综观我国历史文化名城保护制度的发展,我国的历史文化名城保护制度从中央到地方,形成了以文物保护、规划建设、旅游为主线,宗教、环保等各领域保护制度为辅助的制度体系。党的领导表现为通过党对全局的把握,公布各项历史文化名城的保护政策,并通过立法程序,将各类保护政策上升为中央和地方立法,形成历史文化名城保护的正式制度体系。另外,党和政府通过选任干部、设定名城保护机构的方式,不断调整历史文化名城保护的保护机构设置,通过横向层面和纵向层面的协调机制,大大提高了历史文化名城保护的协同效率。

党和政府在关键时点的决策会直接影响历史文化名城保护

① 陈俊:《"法治中国建设"背景下党领导立法的几点探讨》,载《中国社会科学院研究生院学报》2016 年第 4 期。

制度的走向。历史制度主义的历史观非常关注制度断裂的“关键节点”导致了制度的变迁。关键节点可以理解为历史发展中的转折时期,制度设计和重大决策的关键时刻①。在苏州历史文化名城保护制度的发展历程中,时任中共中央政治局委员、国务院副总理万里在苏州考察城建工作回京后,与时任国务院副总理谷牧等一起郑重商定,把苏州作为全国唯一的“全面保护古城风貌”的历史文化名城的这一决策,正是在历史文化名城制度形成的关键时刻,对苏州城市定位的重新确立。这一“关键节点”的选择,被纳入了苏州86版总规中,最终影响了至今的历史文化名城保护。在历史文化名城保护制度的发展中,时任浙江省委书记习近平于2005年8月在浙江湖州安吉考察时就提出了“绿水青山就是金山银山”的科学论断。党的十八届五中全会进一步提出“创新发展、协调发展、绿色发展、开放发展、共享发展”五大新的发展理念。正是在这一新的发展理念背景下,各地历史文化名城保护为政府所重视。

二、城市定位决定了地方历史文化名城保护制度的不同发展路径

(一)城市级别和名城保护制度的发展

1954年《宪法》首先明确了“省、自治区分为自治州、县、自治县、市”,1955年6月国务院发布了《关于设置市、镇建制的决

---

① 段宇波、赵怡:《制度变迁中的关键节点研究》,载《国外理论动态》2016年第7期。

定》,规定聚居人口10万以上的城镇,可以设置市的建制[①]。我国城市制度确立后,随着时代的发展和各个历史进程中给予不同城市的不同待遇,城市的级别直接决定了城市的发展潜力、管理能力。在行政级别上,我国的城市可以分为直辖市、副省级城市、设区的市、县级市等,不同级别城市对应的政府行政级别有较大的差距。直辖市相当于省级行政单位,有省级立法权和财政权,我国4个直辖市北京、上海、天津、重庆均为历史文化名城。在保护上,直辖市显然具有较强的能力,但由于这些城市面临较大的经济发展压力,所以并无法与整个城市一并保护,大多以片区保护、个体保护为主。省会城市和设区的市,在行政级别上虽然有差距,但综合实力相近,在保护路径选择上,更注重历史传统和发展路径的协调。苏州正是基于其历史城市格局比较完整的特点在古城区开展整体保护,城外发展经济。其他大中城市如果更关注城市主体经济发展,开发比较充分的话,整体保护也很难实现。而一些小城市如丽江、景德镇等,可以依靠单一的经济模式,在取得收益的情况下,开展整体保护。

(二)计划单列市和名城保护制度发展

中国另一种特殊的城市分类是计划单列市。在计划经济时代,国家制定地区生产、资源分配以及产品消费等各方面的计划

---

① 参见《国务院关于设置市、镇建制的决定》(1955年6月9日国务院全体会议第十一次会议通过,[55]国秘习字第180号文颁发)。

时,直接面向省一级政区分配计划指标。由于部分省辖的大城市(地级市)政治地位高、经济比重大、对周边影响深远,因此国家把这些城市也列入国家计划的户头,与省一级政区并列分配计划指标。这些单列出来与省一级政区并列分配计划指标的城市习惯上称为“计划单列市”。计划单列市制度几经变迁,到20世纪90年代,中央先后批准武汉、沈阳、大连、哈尔滨、广州、西安、青岛、宁波、厦门、深圳、南京、成都、长春13个城市计划单列,加上以前已经单列的重庆,共有14个,计划单列市也基本定型。由于计划单列市国民经济计划预算统一由中央预算控制,该市的财政收支直接与中央财政挂钩,由中央财政与地方财政两分,无须上缴省级财政。所以,计划单列市将保留更多的财政经费,显然计划单列市制度对于城市历史文化名城保护的经费是有很大帮助的。从保护现状看,这些计划单列市的保护情况大多较好,不少城市成为我国著名的旅游城市,说明经济对名城保护的发展是具有正向促进作用的。

(三)城市地位对名城保护制度发展的影响

较大的市这一概念虽然在历次宪法中有所提及,但并没有明确较大的市与地级市是否存在区别。1986年《地方各级人民代表大会和地方各级人民政府组织法》提出了“较大的市”的地方立法权。2000年3月15日,第九届全国人民代表大会第三次会议通过《立法法》,最终确认了“较大的市”之地方立法权的规范尝试与经验积累，以专款（第 63 条第 4 款）[1]定义拓展了"较大的市"的外延。之前的《地方各级人民代表大会和地方各级人民政府组织法》中，"较大的市"仅指经国务院批准的市，而《立法法》将省会、经济特区所在的市也确定为"较大的市"（见表 3－1）。《立法法》规定了较大的市拥有地方立法权，给予历史文化名城地方政府制定地方性历史文化名城保障制度的依据。苏州在 1993 年获得了地方立法权的权限后，制定了大量的历史文化名城保护的具体制度，为历史文化名城保护奠定了制度基础。同时，地方能够制定保护法规，与国际上要求地方制定政策规定保护内容的要求相衔接，扩大了历史文化名城在国际上的影响力。所以较大的市地位的取得，对于历史文化名城开展保护制度建设具有重要的意义。

表 3－1　"较大的市"批准情况

批次	批准时间	城市名称
第一批	1984 年 12 月 15 日	唐山、大同、包头、大连、鞍山、抚顺、吉林、齐齐哈尔、无锡、淮南、青岛、洛阳、重庆
第二批	1988 年 3 月 5 日	宁波
第三批	1992 年 7 月 25 日	邯郸、本溪、淄博
第四批	1993 年 4 月 22 日	苏州、徐州

① 参见《立法法》（2000 年）第 63 条第 4 款："本法所称较大的市是指省、自治区的人民政府所在地的市，经济特区所在地的市和经国务院批准的较大的市。"

三、地方政府决策保证了历史文化名城保护制度的落实

从苏州的历史文化名城保护制度变迁可以看出,地方政府发挥着决定性推动作用。地方政府既是历史城市保护和城市更新的主导者,也是城市更新项目的管理者甚至执行者。没有政府主导,民间很难自行启动城市更新的项目,更没有能力承担名城保护的任务。政府既要牢牢把握旧城改造的方向,防止各种投机行为对历史文化街区的破坏;又要充分吸取民众意见,以使城市更新真正实现促进城市发展、满足人的需求这一最终目标。同时,历史建筑的保护更新也要根据历史建筑的现状和保护的紧迫性进行排序。例如,苏州市姑苏区目前共有文保建筑 184 处,控制保护建筑 254 处。随着古城保护和居民对老旧房屋居住条件改善的需要,市、区两级部门、国资公司积极推进对文控保建筑的修缮和保护,资规部门在文控保建筑解危和改造中提供技术支持,加强项目审批方面的协作配合。文物、住建、国资等部门对各级文物古建筑加强日常动态管理,做好日常维护工作,组织开展各项安全检查,发现隐患及时处置。市住建部门通过高频次检查和公房租户报修情况,形成年度直管公房危房登记名录,并实行动态化管理。对文控保建筑的安全隐患依据危险程度分类进行处置。对于损坏较严重、存在安全隐患的文物古建筑,文物部门要求责任单位按照“不改变文物原状、最低限度干预、使用恰当的保护技术”的文物建筑修缮原则及时制订修缮方案,方案

报文物部门批准同意后才能组织实施。可见,历史文化名城的城市更新,是在各级住建、文物、国资等部门间的沟通协作、全力配合下才能开展的工作;没有政府的牵头和引领,就难以解决居住解危修缮和文物保护要求之间的矛盾。

地方领导对历史文化名城的重视也是历史文化名城保护得以发展的重要助力。苏州市一任又一任的决策者把保护各类古迹遗产作为城市发展的永恒主题,“当好苏州这座历史文化名城的守护者、建设者、传承人”。从苏州经验可以总结出两个观点:一是领导任期长短对历史文化名城保护有一定影响。在章新胜主政时期,苏州开辟了新区、园区两个产业园区,为古城的产业和人口转移提供了条件,社会经济水平都得以稳步发展,城市的新格局得以形成。这和其主政时间较长、对城市发展更为了解不无关系。二是具体负责保护的领导对于保护实践的发展能起到巨大作用。在山塘街保护工程中,部分分管领导由于熟悉情况,对工程的顺利实施起到了重要的保障作用,也使得山塘街保护利用成为苏州市古街保护的典范。当然,领导意志也会对历史文化名城造成破坏,如果缺乏制度性安排和规范性依据,“碎片化”“拍脑袋”的施政方式会因领导“换届”而变化,需要加强制度规范。苏州市经济发展迅速,名城保护成效显著,开创了经济发展和古城保护共同发展的苏州模式。

四、地方政府的行政能力决定了历史文化名城保护制度的执行效果

从上文的分析我们可以看出，政府的行政能力与历史文化名城保护的成效之间具有直接的关联。政府的行政能力可以包括以下四个方面：

第一，地方 GDP 和财政收入，这是地方可用于历史文化名城保护资金的基础；

第二，城市的经济地位，确定城市的核心价值，同时保证地方政府可以在多大程度上掌握自己的财政收入；

第三，城市的政治地位，保证地方政府对历史文化名城保护的制度供给；

第四，提升地方政府保护意识、政策水平和开明程度，保证地方政府在保护政策制定和实施过程中的正确性。

政府的财政能力对于历史文化名城保护的影响不言而喻，一个地方政府的财政收入多，可以在历史文化名城保护上投入的资金就多，理论上保护的状况就会更好。而地方政府财政资金捉襟见肘，则在历史文化名城保护的投入上也会较少。从苏州的案例可以看出，苏州的名城保护状况与经济发展的状况总体上呈正相关性，从 20 世纪 80 年代开始更是随着经济的发展一路向好。在 21 世纪初，苏州 GDP 水平达到千亿元左右时，城市的经济发展和保护成效间的关系基本没有发生偏离，这说明相对发达的经济发展水平对历史文化名城保护有着促进作用。

但我们也可以看到,名城保护成效并非与经济增长一直同步,随着经济的发展保护成效也有着上升和倒退的现象。在国内生产总值相当低下的20世纪50年代奢谈全面保护固然不现实,保护措施却是不间断的;而到了20世纪六七十年代,经济水平与50年代相近,保护状况却急剧恶化,这时经济因素显然不是起决定作用的,政治因素在这一时期对保护产生了重要的影响。同样,虽然总体而言,在20世纪八九十年代,经济发展一直呈快速上升的趋势,名城保护的状况整体向好,但在80年代末到90年代初也曾出现过局部倒退的现象。经济发展和古城保护是一对矛盾。从苏州的实践可以看出,经济发展、人们的生活水平提高后,对古城保护的资金投入、市民的保护意识都会有不同程度的提高;但经济发展的初期对古城保护的破坏作用不容忽视,由于经济建设、人口增加和人民群众日益增长的物质文化需求,道路拓宽、兴建住宅和保护手段的缺乏对古城保护均会造成负面的影响。在此可以认为,虽然经济因素是影响历史文化名城保护成效的最重要因素,经济发展与名城保护的成效间总体呈正相关性,但由于名城保护涉及的政治、文化等其他因素较多,政治和其他制度因素会对这种关系产生比较重大的影响。

除了政府财力,保护意识和保护水平对历史文化名城保护的影响也是非常重要的,这在下一部分会详述,此处不再赘述。从四个维度分析各个城市的历史文化名城保护现状,我们可以制作如图3－3所示的分析示意图。

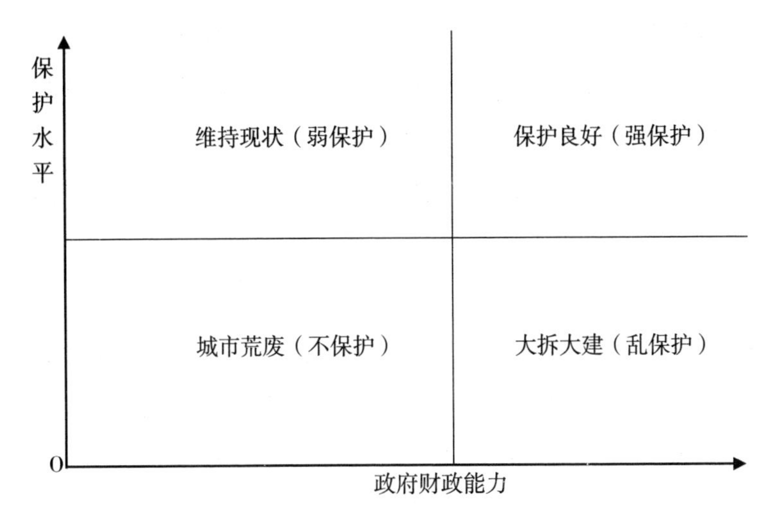

图 3-3　政府财政能力和历史文化名城保护情况相互关系

从图 3-3 可以看出,在政府财政能力和保护水平俱佳的情况下,历史文化名城保护的各项措施才能真正落实;最差的情况就是,城市财政能力尚可,但政府保护水平低,这样对历史文化名城是摧毁性的打击。

第三节　历史文化名城保护的参与者推动了保护制度的完善

一、历史文化名城保护的市民参与

苏州是一座历经 2500 多年历史的文化名城,留下了丰厚的文化遗产。苏州城市精神崇文尚武,苏州市民是最为重要的历史文化保护力量。苏州是一个文化底蕴深厚的城市,又是一个非常幸运的城市,有一批热爱古城、熟悉苏州的文化人和学者,文化底蕴深厚的苏州人对这座城市情有独钟。普通市民均有着参与政治活动、政治决策的意识,政治参与有着比较深厚的文化基础。

> 嗟乎!大阉之乱,缙绅而能不易其志者,四海之大,有几人欤?而五人生于编伍之间,素不闻诗书之训,激昂大义,蹈死不顾,亦曷故哉?且矫诏纷出,钩党之捕遍于天下,卒以吾郡之发愤一击,不敢复有株治;大阉亦逡巡畏义,非常之谋难于猝发,待圣人之出而投缳道路,不可谓非五人之力也。
>
> ——(明)张溥:《五人墓碑记》。

苏州历史上,市民参与政治的文化是比较浓厚的,《五人墓碑记》的这段文字,就表达了底层士绅、普通百姓对于政治的参与感,并且他们也相信,通过群体性的运动,可以达到自己的政治目的。到了近代"营救七君子"运动,说明苏州市民政治参与的精神得到了传承。为了保护珍贵的文化遗产,"文革"期间,苏州市众多有识之士冒着风险,采取多种抢救措施,如市园林工作者根据周恩来同志"苏州要保护"的指示,连续工作一周,将各园林的"书条石"等文物用各种办法保护起来;当红卫兵欲把沧浪亭五百名贤祠看作"破四旧"的对象时,园林工作者将石雕全部涂抹后再刷上一层石灰水,又写上“革命”语录,这样才把五百名贤祠保存下来。此类种种保护行为在苏州古城保护历史上不断上演,也为苏州历史文化名城的保护保留了一些种子。

从主动性上看,苏州市民参与历史文化名城保护实践,有主动和被动两种方式。

(一)名城保护中的市民主动参与

在市人大、政协的提案议案中,在报刊、电视等媒体的宣传中,我们不难发现,人们通过各种形式表达着对古城保护的关注,“在城市生活中历史建筑所具有的种种不可替代的价值与作用逐步得到人们的认识,保护运动由此获得了广泛的社会基础”。这成为苏州古城保护中的最大优势。

新中国成立后,市民参与地方决策的正式渠道建立,市民代表以两会建议的方式积极参与苏州历史文化名城的保护工作。1982 年,苏州市第八届人大第二次会议上,围绕建设风景游览城市的提案有 235 件,约占提案总数 408 件的 57. 6% ;苏州市政协六届二次会议上,210 个提案中,有关保护古城风貌、建设风景游览城市的提案有 47 件,约占填总数的 22. 4% 。[①] 姑苏区成立后,关于历史文化名城保护的提案更是每年两会的重要议题。市民还可以参与立法听证、向媒体投稿建议等方式参与到古城保护的建言献策中,姑苏区、保护区在研究制定《苏州国家历史

---

① 《就建设风景游览城市问题积极献计谋》,载《苏州日报》1982 年 4 月 20 日,第 2 ~3 版。

文化名城保护条例》过程中,就动员社会各界力量参与古城保护立法工作,在全区范围开展了“我为立法献一策”活动,围绕古城规划、风貌保护、综合管理、公共服务、执法模式、修建规范、项目腾迁等方面,广泛听取各方意见建议,力争使条例符合苏州古城保护实际需要。[①]《苏州国家历史文化名城保护条例》通过后,阊门片区(金阊街道)阊门社区保护古城区行动支部在阊门城墙下组织开展了“爱护古城墙　文明我先行”的倡议签名活动。签名活动结束,志愿者们捡拾了城墙周围的砖头瓦块、烟头、树枝、纸片,对城墙上的“牛皮癣”小广告进行了清理,用实际行动爱护古城墙。西街社区的“青山绿水”公益骑行队的志愿者们也又一次踏上保护古城的“征程”。一支由 10 位退休老人自发组成的志愿队伍,通过绕古城骑行宣传的方式践行爱护古城、保护古城的理念,为姑苏古城的青山绿水贡献一份自己的力量[②]。其他市民以各种名义的团体参与历史文化名城保护的案例也很多,如各类曲社、非遗传承组织等。

市民中也存在大量的非物质文化遗产继承人,他们大量地继承了苏州的昆剧、评弹、核雕、玉雕等技艺。同时,非物质文化遗产传承人也成立了很多民间社团,以推动非物质文化遗产的

---

① 《苏州市姑苏区探索古城保护与发展新路径解析》,载中共江苏省委新闻网,http://www.zgjssw.gov.cn/shixianchuanzhen/suzhou/201412/t1923480_1.shtml,最后访问日期:2023 年 9 月 9 日。

② 《动真格!〈苏州国家历史文化名城保护条例〉施行第一天,姑苏区的这波行动让人点赞》,载搜狐网,https://www.sohu.com/a/224666156_349673,最后访问日期:2023 年 9 月 9 日。

传承。例如,1989 年 10 月恢复运转的昆剧传习所,协助、配合苏州大学创办了中文系(1989 年)昆剧艺术本科班,探索昆曲教育的新途径,培养了一批具有较高文化艺术素养、有志于从事昆剧艺术工作的新一代人才。苏州的这种团体大体分为三类:第一类是由苏州市文联、市剧协等官方组织组织成立或直接领导的民间艺术团体,如苏州昆剧研习社、苏州市戏曲研究室等;第二类是业余爱好者自行成立的民间艺术团体,如东吴曲社、欣和曲社等,均是退休教师、各阶层昆剧爱好者因喜爱某项非物质文化艺术而成立的民间艺术团体;第三类是一些企业传承人,如江苏省、苏州市级非遗吴罗织造技艺(四经绞罗)的传承人周家明、李海龙就分别是苏州工业园区家明织造坊、苏州圣龙丝织绣品有限公司的企业主①,这类传承主要是以企业产品的方式延续非遗传承。各类非遗传承人,对苏州的历史文化名城保护和保护宣传工作均作出了重要的贡献,如香山帮非物质文化遗产传承者不仅为苏州市民大量修复了园林古建,而且在苏州园林艺术 1980 年首次出口美国纽约大都会博物馆明式庭院"明轩"后,20 多年来利用"品牌"效应,先后设计、建造多处亭园并获多项荣誉,如日本池田"齐芳亭"、加拿大"逸园"、新加坡"蕴秀园"、日本金泽"金兰亭"、美国佛罗里达"锦绣中华"微缩景区、香港九龙寨城公园和雀鸟公园、美国纽约斯坦顿岛"寄兴园"。

---

① 牛建涛等:《苏州非物质文化遗产丝绸罗的保护与传承现状分析》,载《丝绸》2018 年第 10 期。

从以上市民参与名城保护的案例可以看出苏州的市民参与路径基本可以分为自发参与、组织社团参与和通过正式渠道参与三类。其呈现以下的特点：首先，参与的主体具有广泛性，从社会精英到普通市民，都可以通过各种渠道参与到历史文化名城保护中去。其次，市民参与的路径虽然各不相同，但均与政府存在不同程度的关联。通过市人大、政协这些官方组织的参与自不必说；即便是一些民间艺术团体，如上文提到的东吴曲社等，也是由半官方组织文联等组织筹办，其活动经费实际大多源于政府经费。一些看似纯粹自发的如"青山绿水"公益骑行队等，其背后也有社区推动。即便是那些纯粹为了各自兴趣爱好组成的曲社等，在开展各类公共演出活动时，也难免要利用政府名义、场地或资金。最后，市民参与在很大程度上能够弥补政府保护的不足，但也会存在盲目性。私人参与可以替代政府行为，实现古城的有机更新；但如果随意改造，形成违章建筑，则会对保护产生破坏。除此以外，前文提到的市民参与在国外修建园林，非遗传承人在国外交流演出等，均可以起到推动历史文化名城保护影响力、促进名城保护的作用。但市民行为也具有盲目性，例如一些设计师参与旧宅改造，让其恢复居住功能，或者用于民宿经营等；又如对历史、人文理解的不足，部分改造行为会导致古宅的破坏，影响整体风貌等。这应当通过更好地规范市民参与来解决。历史文化名城的保护自然离不开市民的参与，而这一时期的市民参与的途径是比较丰富的。除了通过市人大、政协等渠道提出建议、反映社情民意外，各类专家学者、实践部门同志和普通市民都在通过不同的方式参与历史文化名城保护。例如，同济大学教授阮仪三，就因其参与了苏州古城墙的保护、历史街区规划、平江路街区的保护修复等，得到了"古城卫士"的称号。当时参与旧城改造更新、古城建设的一些房产开发企业、建筑企业、旅游文化企业也积累了丰富的名城保护经验。探索公众参与的道路一直没有停止，在2002年颁布的《苏州市古建筑保护条例》中就规定"鼓励国内外组织和个人购买或者租用古建筑"。这一规定在当时引起了各界的争议。其后，历史城区内古建筑用于开办公司、饭店的利用尝试一直没有停止，为古建筑的保护利用探索了新的道路。

当然，更多市民参与历史文化名城保护是具体的，苏州市民修建古宅、参与名城保护的例子举不胜举。从上文的论述中，我们看到，即便在"文革"时期，市民也自发地保护了虎丘剑池、沧浪亭等历史遗迹。2011年苏州市开展的"捐砖护城共筑家园"行动中，有大量市民自发参与"捐砖护城"，捐赠城墙砖4000余块。

（二）名城保护中市民的被动参与

历史城市的更新是具体的，市民以牺牲自身利益为代价，以实际行动参与了历史文化名城保护。比如为了疏解古城居住压力，从20世纪80年代开始，有几十万人迁离了古城区，为古城区开展保护工程奠定了基础。而居住在古城内的居民每天都沉浸在历史熏陶感染之中的同时也难免要承受基础设施陈旧落后的“煎熬”。而要改善市民的生活状况,就涉及城市更新。城市更新往往承载着多重目的:提升区域环境、城市竞争力;获取经济利益,提升土地价值;疏解人口压力,提升居住品质;改善历史街区风貌,保护历史文化遗存等。但在不同的时代背景下,其对价值的追求也有比较大的区别。比如20世纪80年代末到90年代开始的大规模旧城改造,就是基于抓住经济转型的机遇,大干快上,迅速积累土地价值,追求经济利益最大化,而历史文化名城在这一时期大多受到了严重的损害。市民的被动参与,时常伴随着市民对制度执行者的反抗。而这些反抗,也使政府在开展这些活动时,必须秉承正确的名城保护目的,也更注重居民的实际诉求,在手段上也更多考虑市民的利益。

进入21世纪,大量历史文化名城经济发展具有一定成果后,如苏州一样,不再进行大规模的城市拆迁、改造活动,而是多以自主腾退、灵活手段安置补偿为主进行拆迁安置,用水磨功夫进行拆迁安置,进行不间断的城市更新。历史文化名城在城市更新改造时,更应当注重更新改造后对城市经济转型、商业发展和名城保护的影响,秉持利用是最好的保护的原则,不做单纯的投入式的古建修缮而不加以利用,使城市更新更有利于人民生活的改善。

二、专家学者参与历史文化名城保护

公民的教育程度与政治参与意愿和能力呈正相关性。[①] 专家学者作为一个特殊的主体，在历史文化名城保护方面的作用是不可替代的。他们有着某一方面深厚的底蕴，一方面连接着保护的一线实践，另一方面连接着政府决策，在历史文化名城保护这种专业性很强的制度决策中起着举足轻重的作用。

（一）名城保护中的专家决策作用

1950年组建的文物保管会，作为苏州市政府所属独立机构，就由著名书画家谢孝思任主任，顾问李根源、汪东、顾颉刚、蒋大沂等均为文史或艺术方面的专家。1953年成立的苏州市园林古迹修整委员会，也聘请了周瘦鹃、蒋吟秋、陈从周等各方面的专家学者。[②] 到了20世纪80年代，历史文化名城保护重新启动时，苏州市园林局聘请著名书画家谢孝思、张辛稼、吴瓶木、费新我、钱太初等36人为园艺顾问，而街坊划分、街坊规划等均是在阮仪三等各高校专家的协助下完成的。苏州名城保护的重大工程如干将路改造、街坊改造等，市政府均多次

---

① [美]加布里埃尔·A.阿尔蒙德、[美]西德尼·维巴：《公民文化——五个国家的政治态度和民主制度》，张明澍译，商务出版社、人民出版社2014年版，第167页。

② 苏州市地方志编纂委员会编：《苏州市志》（第3册），江苏人民出版社1995年版，第1033、1034页。

请了专家进行论证。苏州一直设立专家咨询委员会,对历史文化名城保护中的重大问题进行专家决策。[①] 姑苏区与苏州科技大学共建名城保护研究院,共同研究历史文化名城保护中的重要问题。

(二)名城保护中的专家担当

在苏州名城保护的历程中,专家学者的建议曾经多次发挥过决定性的作用,最著名的当属20世纪80年代初被称为"一场调研拯救苏州古城"的调研活动。1981年10月,时任全国政协常委吴亮平与时任省人大常委会副主任、南京大学校长匡亚明等到苏州开展调查研究,发现当时的人们对保护古城的重要性认识还不足,很多人既担心影响生产、财政收入、居民就业等,又担心保护和维修园林花费巨大无法负担。1981年10月30日,吴亮平、匡亚明的《古老美丽的苏州园林名胜亟待抢救》一文,在《文汇报》第二版头条位置刊登(见图3-4),引起了社会的广泛关注。同时形成了《关于苏州园林名胜遭受破坏的严重情况和建议采取的若干紧急措施的报告》呈送中央,引起党中央的高度重视,邓小平等中央领导人分别亲笔批示。

---

① 参见《苏州国家历史文化名城保护条例》第9条第1款:"市人民政府设立苏州国家历史文化名城保护专家咨询委员会。专家咨询委员会参与保护规划、保护名录、建设管理等重大议题的咨询论证和绩效评估,并提供保护管理对策建议。"

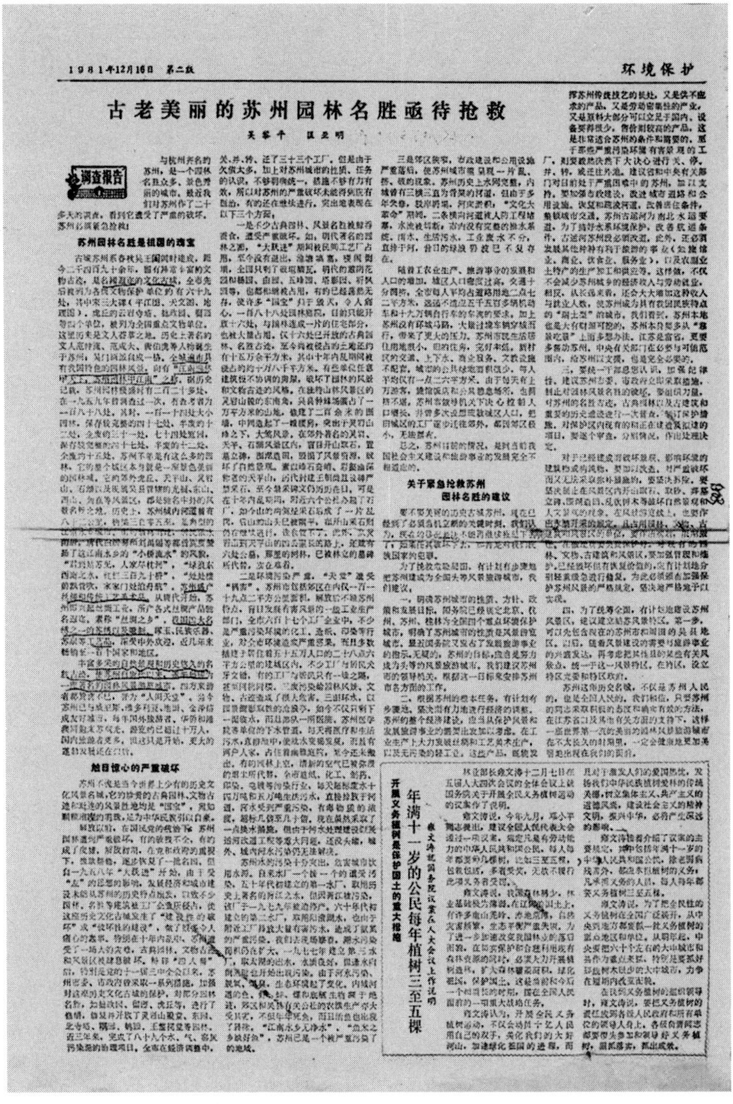

1981年12月16日　第二版
环境保护
古老美丽的苏州园林名胜亟待抢救
调查报告
苏州园林名胜是祖国的瑰宝
触目惊心的严重破坏
关于紧急抢救苏州园林名胜的建议
年满十一岁的公民每年植树三至五棵
开展义务植树是保护国土的重大措施

图 3－4　《文汇报》/苏州革命博物馆

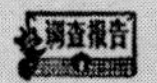

其他如阮仪三在保护苏州古城墙、平江路、山塘街中作出的贡献,徐刚毅用历史照片留住古城等都是专家参与名城保护的重要代表;也正是这些名城保护专家的不懈努力,才留住了原汁原味的古城风貌。

三、企事业单位对历史文化名城保护的参与

苏州市政府在吸引民间资本进入名城保护领域的探索在很早就已经展开,2002 年颁布的《苏州市古建筑保护条例》在全国首次提出"鼓励国内外组织和个人购买或者租用古建筑",这一制度创新在全国引发了比较大的争议。随后,苏州市政府陆续研究下发了《苏州市市区依靠社会力量抢修保护直管公房古民居实施意见》、《苏州市市区城市房屋拆迁补偿安置实施办法》(已失效)、《苏州市区古建老宅保护修缮工程实施意见》、《关于市属国企实施古建老宅保护修缮工程的补充意见》等政策文件,调动社会力量参与古城保护的积极性,先后修复了山塘雕花楼、鲍传德义庄祠、袁学澜故居、葑湄草堂等一批控保建筑,弥补了保护资金的不足,而且集聚社会智慧,提升了保护水平。

罗伯特・帕特南在《独自打保龄:美国社区的衰落与复兴》一书中提出社会资本的概念,"是社会上个人之间的相互关系——社会关系网络和由此产生的互利互惠和相互信赖的规范"。在历史文化名城保护中,社会资本可被视为在正式制度之外的市民自发参与名城保护形成的各类行为规范,并且在历史文化名城保护的过程中形成的各种非正式的社会关系。这种

社会关系与正式的历史文化名城保护制度的互动,形成了历史文化名城保护完整的保护制度体系。社会资本通过自发的或是被动的参与历史文化名城保护制度,丰富和完善了历史文化名城保护制度,纠正了保护制度中的问题。

第四节 保护理念的变化是历史文化名城保护制度形成的引力

诺思认为"观念、教义、时尚以及意识形态等形成的心智结构,是制度变迁的重要来源"①。随着历史文化名城保护认识的不断变化,保护观念的引入并被政府和市民所接受,是苏州历史文化名城保护制度形成的重要原因。

一、改革开放前保护理念的缺失是保护制度难以建立的重要原因

中华人民共和国成立至20世纪80年代初,苏州整体的城市发展理念主要是古城为生产建设让路。1954年,市建设局编制苏州建设规划,设想逐步把苏州从消费城市改造成生产性公园化城市。其后,苏州的历次规划均没有脱离这一城市定位。

---

① [美]道格拉斯·C.诺思:《制度、制度变迁与经济绩效》,杭行译,格致出版社、上海三联书店、上海人民出版社2014年版,第101页。

这一时期虽然有对古典园林等历史文化遗存的抢修等保护行为,但对古城的整体历史文化价值并没有认识,更谈不上对古城进行整体保护了。阮仪三先生记述的苏州城墙的拆除之争,就是这一时期保护理念的集中体现。可以说,在现代的保护理念下,将历史文化名城的整体保护视为方向的话,古城墙的价值显然是非同一般的;但在一切为了提高生产力、改变一穷二白的局面这一理念下,城墙保护就要做出让步了。这一阶段的实践中,无论是大量的历史建筑被工厂占据,还是为了生产、生活填埋河道都可以看出此时的苏州整体上,特别是制度执行层面上,尚没有名城保护的理念。

> 1958年,苏州市政府也提出要拆除古城墙,发展城市交通,还专门邀请了包括同济大学教授在内的一批专家来研究苏州城市的发展规划问题。收到邀请后,同济大学城市规划教研室专门组织了冯纪忠、金经昌、陈从周、董鉴泓四位教授,连同当时正在同济大学讲学的苏联专家,一起赶往苏州。围绕是否有必要拆除古城墙的问题,教授们与市政府展开了一场激烈的争论。几个教授当时极力劝阻政府不要拆墙,提出了三条主要观点:一是认为苏州和北京情况不一样,北京城墙拆了,不一定意味着苏州也要跟着拆,况且,北京城墙的拆除是完全错误的。二是提出和北京城墙比起来,苏州城墙具有更重要的文化意义和更高的保护价

> 值。北京城墙始建于元大都时期，而苏州城墙早在春秋战国时期就初具规模，有着更为悠久的历史。同时，苏州城墙由于历经多个朝代修整，比北京城墙保存得更为完整，上面也保留了更多的历史古迹和文物；一旦拆除城墙，这些珍贵的古迹、文物也将一起消失。三是提出以发展交通为由拆除城墙是完全错误和没必要的，当时的欧洲很多城市都保留了古城墙，交通照样发展，在这方面如学习和借鉴欧洲的经验做法，保护城墙与发展交通是可以并举的。尽管教授们据理力争、极力劝说，但苏州市政府却不为所动，坚持要拆。这场护城之争最终以教授们的无功而返告终，很快，留存了两千多年的苏州古城墙被拆除，只留下了几座城门和几处遗迹。

可喜的是，正如前文提到的，苏州市民的历史文化保护意识有很深的文化基础。在这些理念的影响下，群众自发的保护活动在很大程度上也保存了大量历史遗存，为未来历史文化的保护保留了种子。

二、改革开放后保护理念的演变促进了名城保护制度的建立和完善

从前文所述保护立法和苏州的历史文化名城保护历程可以看出，名城保护立法及立法理念的发展是从单纯的保护历史遗

存到实现保护与经济发展并重、保护与人民生活水平提高相结合，实现了从单纯保护文物到满足人民经济、生活需求的价值回归。一座城市持久系统的建设，背后是需要有稳定的城市精神品格和文化基因做支撑的，保护和发展最终都会体现在城市文化精神的传承中；任何参与到名城保护制度体系中的个体都需要遵守制度的精神内涵和价值，形成制度体系内人人参与、全民共建、全民共享的历史文化传承。

《文物保护法》第 4 条明确地提出了文物保护“保护为主、抢救第一、合理利用、加强管理”的保护原则。虽然 1982 年《文物保护法》将历史文化名城保护作为一个专门的保护对象，但在 20 世纪的八九十年代，名城保护的立法理念没有脱离文物保护的理念范畴，名城保护立法理念也是把历史文化名城的保护看作文物保护中不可移动文物保护的一个部分来对待，试图通过抢救性保护来实现历史文化名城的保留。例如，《山东省历史文化名城保护条例》(已失效)第 1 条立法目的表述为“为加强历史文化名城的保护，继承优秀历史文化遗产，促进社会主义精神文明建设，根据国家有关法律、法规，结合本省实际，制定本条例”。《昆明历史文化名城保护条例》(已失效)第 4 条立法原则表述为：“历史文化名城的保护必须贯彻‘保护为主，抢救第一’的方针，正确处理历史文化遗产的继承、保护、利用与城市建设和经济、社会发展的关系。”等等。可以说这一时期的名城保护立法理念是符合当时时代背景的，在中华人民共和国成立以后，实现经济发展一直是我国的首要目标；改革开放后，以经济建设为中心更是为被确定为我党的基本路线的核心内容；到 20 世纪 90 年代，我国经济开始了高速发展，但在经济建设发展的同时，很多历史文化名城也被破坏得非常严重。所以当时名城保护立法的首要目的是实现抢救性保护，保存现有的历史文化遗存，继承优秀历史文化遗产，促进社会主义物质文明和精神文明建设。

20 世纪 80 年代初确立了“全面保护”的理念对于之后苏州近 40 年的保护起到了举足轻重的作用。相较于国家立法，苏州在 86 版总规中就提出了“全面保护苏州古城风貌”的指导思想，是比较先进的。这一理念的形成大体上分成三个阶段，相应地出现过三种规划方案。认为“保护古城就是保护落后”“全面保护就等于否定改造和现代化建设”的思想在 20 世纪 80 年代初一直存在，直至 86 版总规确立“全面保护”的理念后，这些争议才平息。“全面保护”理念确立前，苏州延续了传统中国的城市发展模式，即以古城为中心，向四周摊大饼式发展，城市内部见缝插针地安排工业生产和居民住房。但确定全面保护古城风貌后，现代化新区建设的方针就确立起来了，城市发展速度也大大加快。

当然，随着时代的发展，“全面保护”的内涵也不断扩展。96 年版总规中，就充分意识到了保护与利用、保护与发展、保护与民生改善的关系。全面保护的范围也有了很大的扩充。苏州的名城保护的相关立法，基本上延续了“全面保护”的立法理念，如出台于 2003 年的《苏州市历史文化名城名镇保护办法》

就规定,“历史文化名城名镇的保护,必须坚持统筹规划、有效保护、合理利用、科学管理的原则,正确处理保护与利用、继承与发展以及文物保护与经济建设、社会发展的关系”。这里可以看出,苏州市的名城保护立法区分了名城保护和文物保护,将“统筹规划、有效保护、合理利用、科学管理”作为名城保护的理念,而将“抢救第一”仅作为名城内文物保护的方针,充分重视规划在名城保护中的作用,设专章要求制定保护区规划、要求建设行为符合规划要求,强调了全面保护的重要性。在这一时期立法理念的指导下,苏州成了在中国100多个历史文化名城中唯一“全面保护古城风貌”的古城……先后获得了包括世界建筑师大会和第28届世界遗产大会等众多国内外著名专家的普遍肯定和赞誉。①

三、保护理念的新发展实现了历史文化名城保护制度的转变

进入21世纪以后,苏州历史文化名城保护的基础已经比较扎实;但历史文化保护面临新的挑战,即保护水平和经济发展水平不相一致,名城保护对居民生活水平提高促进不大等。所以,这一时期在全面保护的基础上,可持续发展成为名城保护的理念和趋势。《苏州国家历史文化名城保护条例》第3条规定:“苏州国家历史文化名城保护应当遵循保护优先、科学规划、合理利用、协调发展的原则,正确处理经济社会发展与历史文化保

---

① 俞绳方:《杰出的双棋盘城市格局——“苏州古城风貌”研究之一》,载《江苏城市规划》2006年第4期。

护的关系，保持、延续历史文化名城的传统格局和历史风貌，保护与其相互依存的自然和人文景观，维护历史文化遗产的真实性和完整性，建设既能延续传统文化，又能满足现代城市功能需求、适应现代生活需要的历史文化名城。”可见，这一时期苏州的保护开始着力于提升苏州名城保护的专业化水平，积极处理保护、利用与发展的关系，实现三者的协调统一；在名城保护基础上，改善居民的生活水平，塑造新的城市精神，延续和发展苏州的文化内涵，从而实现城市现代化和建立城市文化自信。这一时期的保护理念，体现了以人民为中心的价值回归，也是我国社会主要矛盾发生变化的体现。这一时期，正是我国社会主要矛盾从“人民日益增长的物质文化需要同落后的社会生产之间的矛盾”，转向“人民日益增长的美好生活需要和不平衡不充分的发展之间的矛盾”。在这一理念下，历史文化名城的保护就要实现以人民为中心、以人为本的回归，更多地关切人民群众对美好生活的需要；强调历史文化名城保护和城市现代化相结合，保护手段和方法更趋于多元化，保护机制进一步完善，保护的参与者基础也逐步扩大，苏州的历史文化名城保护迎来了新的一页。

1964 年的《威尼斯宪章》中就提出，历史文物建筑的概念，不仅包含个别的建筑作品，而且包含能够见证某种文明、某种有意义的发展或某种历史事件的城市或乡村环境；这不仅适用于伟大的艺术品，也适用于由于时光流逝而获得文化意义的在过去比较不重要的作品。保护一座文物建筑，意味着要适当地保护一个环境。可见无论是物质文化还是非物质文化,其重要性首先在于它携带着历史情感、国家和民族的象征及信仰,巩固了个人、民族和国家的文化认同[①]。苏州名城保护理念的发展随着苏州经济发展而不断发生着变化,最终实现了以人民为中心价值观念的回归。"全面保护"理念的提出有其内在的逻辑,历史文化名城保护,需要保护的就是一段城市记忆和这段记忆中所留存的城市发展的印记。习近平总书记指出,文化是一个国家、一个民族的灵魂。历史和现实都表明,一个抛弃了或者背叛了自己历史文化的民族,不仅不可能发展起来,而且很可能上演一幕幕历史悲剧。[②] 能够形成一个市民共识的保护理念,对于保护实践具有重要的意义。

四、吴文化的精神内核是名城保护制度发展的根源

制度——经济的和非经济的——建立和破坏,并不是发生在真空里,而是人民在历史上归结的机会和价值准则中所引出的观念的结果。"现实"的内容与人民在历史上所归结出的关于其周围社会的理性化有关,而在基本方面,则受到他们关于现存习俗、规章和制度是正确或谬误的见解的影响。[③] 制度归根结底源于地方文化的基础。苏州国家历史文化名城保护的成

---

① 庄孔韶:《文化遗产保护的观念与实践的思考》,载《浙江大学学报(人文社会科学版)》2009 年第 5 期。

② 《习近平谈治国理政》(第 2 卷),外文出版社 2017 年版,第 349 页。

③ [美]道格拉斯 · C. 诺思:《经济史上的结构和变革》,厉以平译,商务印书馆 1992 年版。

就,与其吴文化内核是有很强的关联性的。吴文化是中华文化的重要源头之一。吴文化作为长三角区域文化,将中华传统文化和西方文化中诸多优秀文化成果与长三角地域特点相融合,兼收并蓄周文化、楚文化、齐国文化和海外文化,通过不断完善自身的局限和缺失,发展壮大并创造了古代灿烂的农耕文明,催生了近代民族工商业的发祥,促进了吴地乃至长三角现代化的历史进程。吴文化在历史演进中不断创新发展,是中华优秀文化的重要组成部分,在长期的历史发展中形成了自己鲜明的地域文化特征。吴文化作为吴地创造历史和创新发展实践中的产物,形成了特色鲜明的创新品格:一是尚德尊教的人文性,二是海纳百川的开放性,三是敢为天下先的开拓性,四是务实善变的灵动性。正是吴文化的这些独特精神特质,使之成为推动长三角区域共同发展的强大动力,还激发了长三角的创新与发展,使长三角地区成为全国区域经济社会发展最具活力的地区之一。"崇文""融合""创新""致远"的城市精神,与吴文化的特质天然同一。苏州是吴文化的中心:明清以来,苏州书院兴盛、文化繁荣、名流辈出,诗礼传家的文化世族、书香门第比比皆是;历史上吴地状元、进士数量为全国之最,清代 112 位状元中,苏州占了 25 人;[①]时至今日,苏州的教育在全省乃至全国仍处于领先地位。[②] 正是吴文化的传承,使得每个苏州人的血液中流淌着对

---

① 许伯明主编:《吴文化概观》,南京师范大学出版社 1996 年版,第 3 页。

② 朱永新:《吴文化的传承、发展与苏州现代化建设(上)》,载《苏州职业大学学报》2003 年第 2 期。

自己家乡的热爱。这种热爱表现在对古城各种老物件的珍视上,也表现在对文化传承的重视上。所以即便在“文革”时期,居民仍有自发保护的热情。正是有了这一吴文化的内核,苏州的名城保护才能够受到大多数苏州人的拥护和支持;在长达2000多年的时间里,使古城不断重生,焕发新的活力。

第四章　历史文化名城保护制度的体系与指引

历史文化名城保护制度的体系架构可以分为正式的制度和非正式的制度两个部分。正式制度主要见之于中央和地方立法，还有中央、地方政府发布的关于历史文化名城保护的系列文件，而非正式制度体系多体现在公民自发行动过程中形成的相关保护制度、保护惯例等。

第一节　历史文化名城保护正式制度

名城保护属于城市管理的一个组成部分。城市管理相关的全部制度，如城市建设与管理、交通运输、经济发展等与历史文化名城保护都有着或多或少的关系；如果全部列为正式制度的话，无法体现制度与历史文化名城保护的关系。故而本部分的正式制度，主要是从“保护”这一核心价值观念的角度出发，梳理从中央到地方与历史文化名城保护最直接相关的立法及规划、政策，按其管理内容，区分不同的正式制度体系。历史文化名城保护主要包括两大制度体系：一是以文物保护为主的文物保护制度体系；二是以城乡规划管理为主的规划保护制度体系。按照与名城保护的关联密切程度，本书还梳理了包括环境保护、生态保护、旅游管理等方面法律、法规形成的相关制度体系（见图 4－1）。

一、文物保护制度体系

（一）文物保护相关法律法规

名城保护制度是由 1982 年《文物保护法》确立的。文物保护相关法律，是名城保护法律体系中一个重要的组成部分。中华人民共和国成立初期没有历史文化名城的概念，名城保护主要结合不可移动文物、古建筑等保护共同开展，名城保护和文物保护制度区分得并不明确。因此，文物保护制度对历史文化名城保护影响比较深远。1982 年《文物保护法》通过后，历史文化名城保护从形式上正式独立于文物保护制度，成为一种独立的制度；但在很长一段时间内，文物保护和历史文化名城保护没有非常明确的区分，很多城市的管理者存在将历史文化名城保护等同于文物保护的错误观念。2008 年《国务院名城保护条例》出台后，名城保护独有的制度体系才正式确立。我国文物保护制度体系建立时间较早，制度体系比较全面。地方立法中，也不断加强从宏观到具体的文物保护地方性法规体系的制定和完善，从而建立了从中央到地方，国家、省、市三级比较完善的文物保护制度体系（见图4－2）。

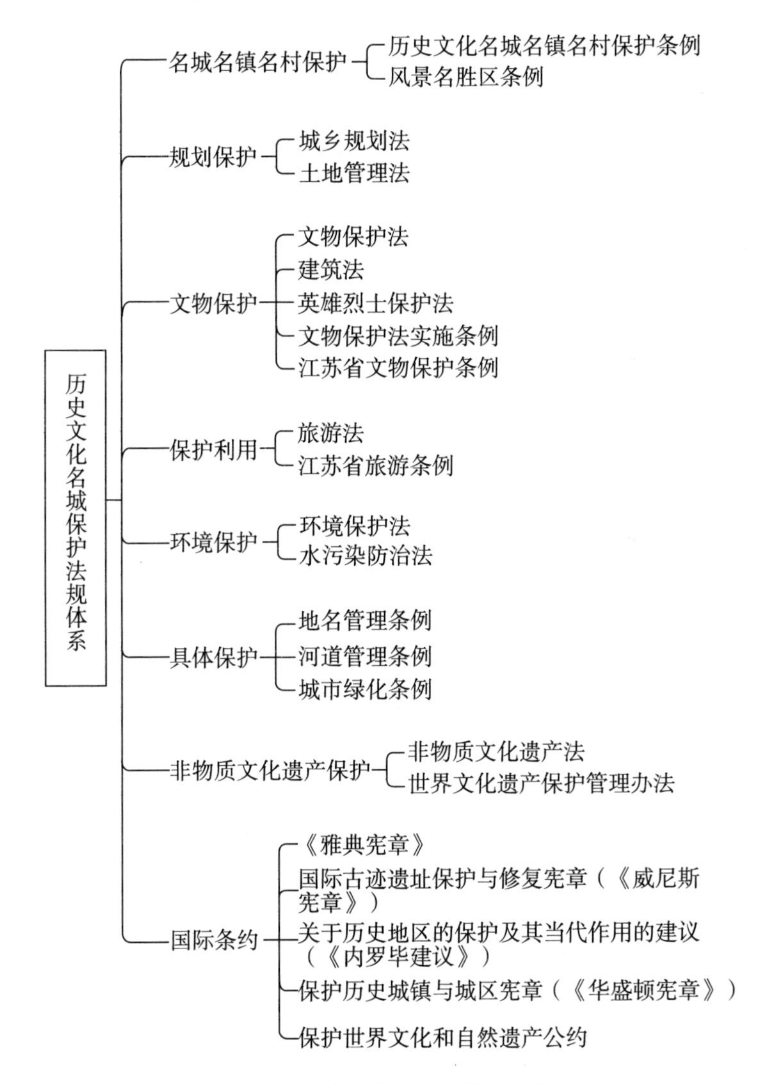

图4－1　历史文化名城保护法规体系

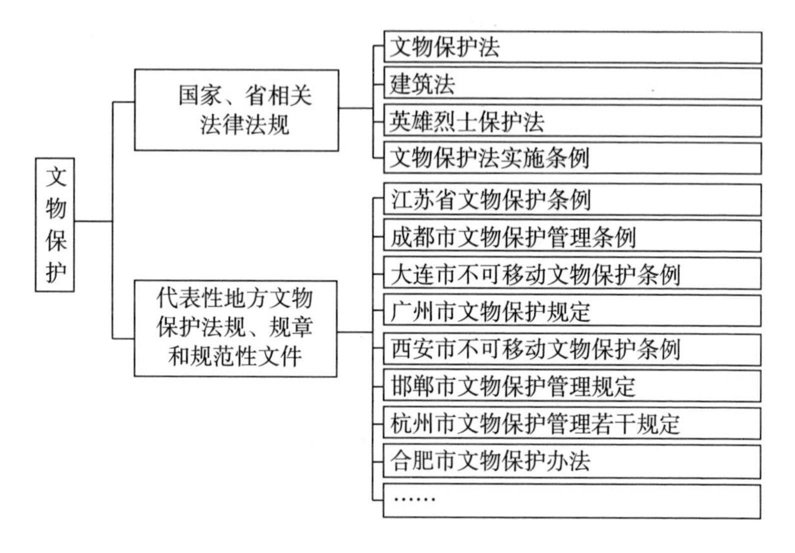

图 4－2　文物保护制度体系

(二)文物保护制度体系下重点名城保护制度

1. 文物分级分类保护制度

从现行《文物保护法》的规定看,现行法律没有对文物给出一个非常明确的定义,但对于文物按照可移动、不可移动进行了分类。[①] (见图 4－3)

---

① 参见《文物保护法》第 2 条:"在中华人民共和国境内,下列文物受国家保护:(一)具有历史、艺术、科学价值的古文化遗址、古墓葬、古建筑、石窟寺和石刻、壁画;(二)与重大历史事件、革命运动或者著名人物有关的以及具有重要纪念意义、教育意义或者史料价值的近代现代重要史迹、实物、代表性建筑;(三)历史上各时代珍贵的艺术品、工艺美术品;(四)历史上各时代重要的文献资料以及具有历史、艺术、科学价值的手稿和图书资料等;(五)反映历史上各时代、各民族社会制度、社会生产、社会生活的代表性实物。文物认定的标准和办法由国务院文物行政部门制定,并报国务院批准。具有科学价值的古脊椎动物化石和古人类化石同文物一样受国家保护。"

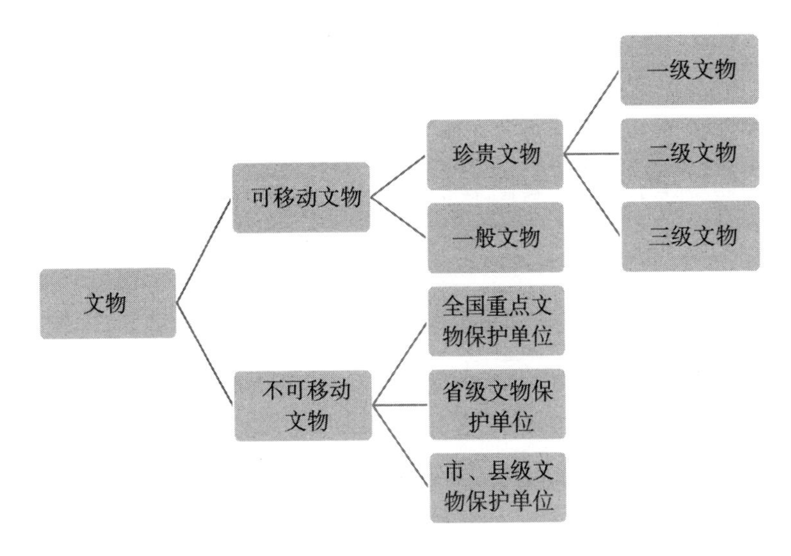

图4-3　文物分级分类体系

与历史文化名城保护密切相关的不可移动文物的保护，基本是根据文物价值的大小，参照行政级别设定的保护级别。在历史文化名城的保护范围内，除需要保护文物外，一些不具有文物价值但对城市风貌保持有价值的建筑也在保护范围之内。对不可移动文物，法律层面规定通过划定保护区域的方式进行保护，文物保护实行的是重点保护区域和建设控制地带的两线控制。对应文物的不同级别，具体保护措施上，分别由省、市、县级人民政府划定保护区域；根据文物的等级，经相应的文物部门批准，方可在保护区或者建控地带内建设。所以，不同等级的文物实行保护措施的主体是不同的。

2. 历史文化名城的保护对象

文物保护制度另一个重要的内容是名城的保护对象。保护对象是名城保护的具体内容。除文物外，名城保护的对象众多。本书以是否包含非物质文化遗产为标准，对各地地方性法规中保护对象的规定进行了简单的分类。从苏州文物保护制度体系的规定来看，保护对象可以归纳为如图4－4所示的几个方面。

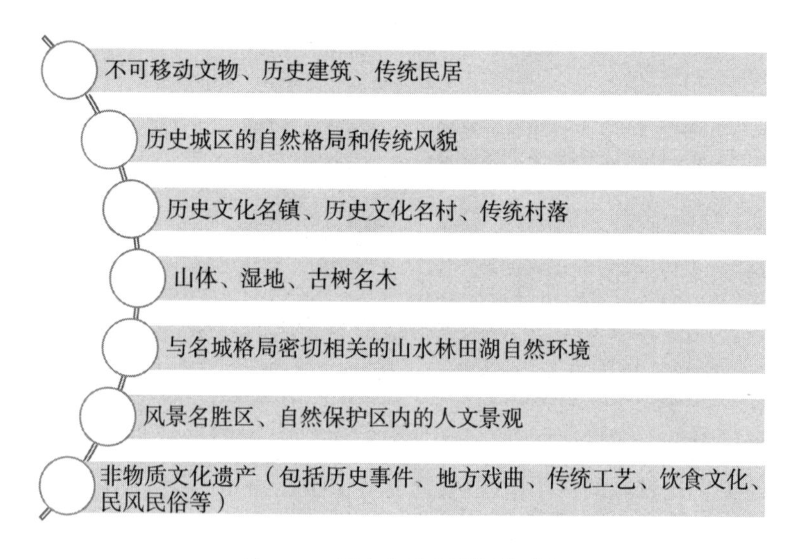

图4－4　历史文化名城保护对象

3. 文物所有权和地下埋藏物发掘制度

《文物保护法》第5条确立了国家对境内地下、内水和领海文物的所有权。根据物权权责相一致的原则，国家自然也应承担起所有权人的职责，负责地下、水下文物的调查、勘探和发掘工作。这一制度和城市建设息息相关。《文物保护法》规定在工程建设时，如果发现可能存在埋藏物，须报请文物部门组织考古调查、勘探，[①]否则建设单位就会遭受法律制裁；如果发现文物，还要申请文物部门进行考古挖掘。一旦建设工程过程中发现文物，就需要进行调查、勘探，并根据文物的重要程度考虑是否进行挖掘、原址保护等。

二、历史文化名城保护规划制度

《国务院名城保护条例》的出台，将名城保护的模式定格为规划引领、地方保护，将名城保护规划管理作为历史文化名城保护的最重要制度之一，提出了不同于文物保护法的保护理念和保护方法，明确了以城市总体规划为主导，名城保护规划、旅游发展规划等专项规划为补充的规划保护体系。在独立的保护规划的统领下，开展名城的具体保护。在《国务院名城保护条例》出台前后，各地纷纷出台了名城保护的相关制度，开展了对名城的制度性保护。

（一）历史文化名城范围的划定

由于我国的历史文化名城均为历史传承下来的古城，但根据行政区划划分又下辖众多县级市、区，所以历史文化名城的行政区划范围和历史文化名城保护范围（保护区域）大多情况下并不一致。有的城市行政区划范围内包含不止一个历史文化名

---

① 参见《文物保护法》第29条第1款："进行大型基本建设工程，建设单位应当事先报请省、自治区、直辖市人民政府文物行政部门组织从事考古发掘的单位在工程范围内有可能埋藏文物的地方进行考古调查、勘探。"

城,如苏州行政区划范围内有苏州、常熟两个历史文化名城;永州也有永州古城和道县、宁远等历史文化名城。因此,历史文化名城范围是否与城市行政区划范围保持一致一般比较难以界定。国务院相关条例在历史文化名城申报的材料中,并没有要求其明确范围,而是规定一些申报条件①。这种制度层面的不明确,一方面导致了按行政区划划分保护范围与实际的保护范围不一致,如苏州名城保护示范区与姑苏区范围一致,但事实上,目前姑苏区的行政区域与真正需要重点保护的历史城区范围也并不一致,在姑苏区的三个新区中,并没有很多值得保护的历史文化街区,反而在苏州市吴中区、新区范围内保留着历史文化名村等众多的物质文化遗产;另一方面导致了名城的保护范围随着保护内容的增加而呈现不断扩大的趋势,如苏州 1996 ~ 2007 版名城保护规划中均规定,历史城区的具体范围为"一城、二线、三片",但在 2013 版保护规划中就扩大到了"两环、三线、九片、多点",在《苏州历史文化名城保护专项规划(2035)》征求意见稿中更提出了"构建市域'两城、四点、三带、六廊、四区'的'大苏州名城'历史文化保护空间结构"。这一情况,在其他地区的名城保护实践中也有所体现。

国内名城地方立法中,对名城保护范围的界定有两种方式(见图 4 –5):第一种是对名城地域范围和保护范围不作规定或进行模糊处理,而对重点保护区域作出具体规定,苏州采用的就

① 参见《国务院名城保护条例》第 7 条第 2 款:"申报历史文化名城的,在所申报的历史文化名城保护范围内还应当有 2 个以上的历史文化街区。"

是这种方式。第二种是对名城区域范围进行具体规定,但这种规定方式中,保护范围难免与保护对象产生重合,如《云南省大理白族自治州大理历史文化名城保护条例》第3条[①]规定中,太和城遗址(含南诏德化碑)、元世祖平云南碑等均属于保护对象,而并非范围的设定。所以不管何种方式规定名城保护的范围,在范围的界定上都难免存在模糊性。

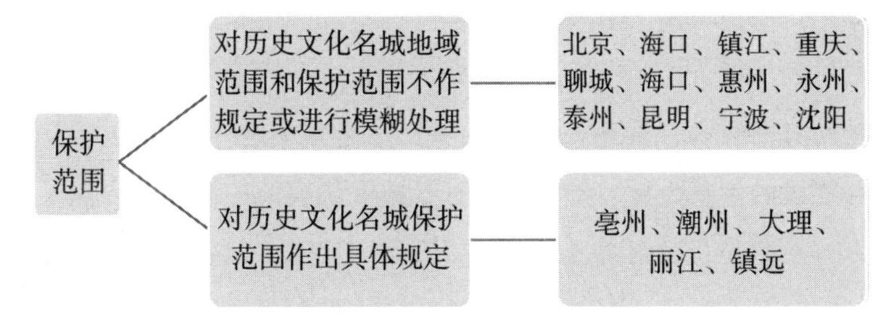

图4-5　历史文化名城保护范围

(二)规划保护制度体系下名城保护重点制度

1. 历史文化名城的批准制度

历史文化名城的批准制度延续了分级管理和中央主导的思路,名城的认定权限在中央,而认定程序也由中央指导。值得注

---

① 参见《云南省大理白族自治州大理历史文化名城保护条例》第3条:“名城保护范围主要包括:(一)大理古城;(二)喜洲古镇、龙尾关历史文化街区;(三)双廊历史文化名镇、周城历史文化名村;(四)崇圣寺三塔、太和城遗址(含南诏德化碑)、元世祖平云南碑等市级以上文物保护单位及历史建筑的保护范围和建设控制地带;(五)大理风景名胜区苍山洱海风景区在大理市(以下简称市)行政区域内的范围。”

意的是，在《国务院名城保护条例》中规定了强制申报制度，对符合历史文化名城申报条件而没有申报的城市，国务院建设、文物主管部门可以督促申报或者直接申报。[①] 这一制度的设定，体现了在名城保护的批准制度上，存在分级管理和中央主导的立法意图，也从另一个方面反映了在立法时地方政府落实历史文化名城保护的积极性不足。

2. 名城的保护规划制度

名城保护是否应当让位于城市建设，是每个名城管理者所必须面对的问题。经济飞速发展，城市改造规模进一步加大，保护与建设的矛盾凸显。名城保护对于城市风貌的控制要求限制了地方政府和开发商通过建设高楼大厦，迅速改变城市面貌，获取超额利润的路径。而这又是狂飙突进的时代所不容的，所以在很多城市，由于高速建设，大部分历史城区只有古迹、历史街区、城址格局可保[②]。针对这一现象，20 世纪 90 年代开始的历史文化名城保护地方立法直至《国务院名城保护条例》制定时，其关切点都是在强调对历史文化名城内建设行为的控制。《国务院名城保护条例》规定，历史文化名城批准公布后，名城所在地人民政

① 参见《国务院名城保护条例》第 10 条第 1 款："对符合本条例第七条规定的条件而没有申报历史文化名城的城市，国务院建设主管部门会同国务院文物主管部门可以向该城市所在地的省、自治区人民政府提出申报建议；仍不申报的，可以直接向国务院提出确定该城市为历史文化名城的建议。"

② 参见林林：《基于历史城区视角的历史文化名城保护"新常态"》，载《城市规划学刊》2016 年第 4 期。

府应当组织编制名城保护规划。[①] 让保护规划成为城市规划的专项规划,从规划角度对历史文化名城的建设行为进行管控,配合对历史文化名城建设控制制度,[②]可以有效地遏制地方政府和开发商的建设冲动,保持历史文化名城整体风貌。规划保护的方法在地方立法和实践中虽然早有体现,但由于各地名城保护地方性法规制定时间较晚,对规划保护制度的规定又不够具体,所以《国务院名城保护条例》公布前,很多地方落实规划保护的效果一般。

(三)名城保护规划与其他专项规划的融合

名城保护规划制度是城市总体规划的一个组成部分,单靠保护规划是无法全面保护城市风貌和促进城市协调发展的。在国土空间规划管理的新模式下,名城保护规划应当与城市发展相呼应,与经济建设、旅游发展、交通发展等各类规划相融合,充分体现城市发展与名城保护相融合的理念,对城市定位、城市经济发展方向作出明确的安排,得到城市管理者和普通市民的支持与理解,共同促进名城保护活动的开展。

随着城市治理水平的不断提升,其他各类专项规划,如我们

---

① 参见《国务院名城保护条例》第13条、第14条:“历史文化名城批准公布后,历史文化名城人民政府应当组织编制历史文化名城保护规划。……保护规划应当包括下列内容:(一)保护原则、保护内容和保护范围;(二)保护措施、开发强度和建设控制要求;(三)传统格局和历史风貌保护要求;(四)历史文化街区、名镇、名村的核心保护范围和建设控制地带;(五)保护规划分期实施方案。”

② 参见《国务院名城保护条例》第23条:“在历史文化名城、名镇、名村保护范围内从事建设活动,应当符合保护规划的要求,不得损害历史文化遗产的真实性和完整性,不得对其传统格局和历史风貌构成破坏性影响。”

熟知的国民经济和社会发展规划、土地利用规划、交通发展规划等，在城市总体规划层面是一个有机的统一体（见图 4 –6）。实践中，如苏州市“十四五”规划就专门对打造加强苏州古城保护和有机更新，保护“一面望山、七面环湖、多水入城、四角山水、古城居中”的人与自然交融的城市特色作出展望，并对古建筑和街区保护等提出指导性意见，这也是借鉴了新版名城保护规划的很多提法。在法律层面上，并没有规定城市发展规划和名城保护规划哪个为基础，保护规划和经济社会发展规划衔接的过程中也存在一些问题，首先是规划制定时间的不同步，国民经济发展规划 5 年制定一次，而历史文化名城保护规划一般规划 15 年左右制定一次，所以在制定时间上很难保持同步。其次是不同规划的审批机构、审批程序均不一致，要求短期的国民经济发展规划要针对历史文化名城保护的内容作出制度安排，也存在一定的难度。

图 4 –6　各类保护规划的相互关系和融合

三、保护相关制度体系

(一)生态环境保护制度

名城保护和生态环境保护制度是相辅相成的。很多历史文化名城由于长期处于无序发展的状态,水污染、空气污染非常严重,对历史文化遗存产生破坏的同时也影响了人们欣赏历史文化遗存的意愿。建立和完善环境保护方面的各项制度,制定对大气、河流、湖泊、水井和地下水的具体管理细则,加大对破坏名城环境行为的处罚力度、改善城市环境历来是名城保护制度中的一个非常重要的部分。中央和地方出台的一系列生态环境保护法律法规如表4-1所示:

表4-1 生态环境保护法律法规

序号	法律法规	制定机关	实施日期
1	环境保护法(2014年修订)	全国人大常委会	2015年1月1日
2	大气污染防治法(2018年修正)	全国人大常委会	2018年10月26日
3	水污染防治法(2017年修正)	全国人大常委会	2018年1月1日
4	节约能源法(2018年修正)	全国人大常委会	2018年10月26日
5	固体废物污染环境防治法(2020年修订)	全国人大常委会	2020年9月1日
6	放射性污染防治法	全国人大常委会	2003年10月1日

续表

序号	法律法规	制定机关	实施日期
7	环境噪声污染防治法(2018 年修正)	全国人大常委会	2018 年 12 月 29 日
8	草原法(2021 年修正)	全国人大常委会	2021 年 4 月 29 日
9	水法(2016 年修正)	全国人大常委会	2016 年 7 月 2 日
10	森林法(2019 年修订)	全国人大常委会	2020 年 7 月 1 日
11	水土保持法(2010 年修订)	全国人大常委会	2011 年 3 月 1 日
12	土地管理法(2019 年修正)	全国人大常委会	2020 年 1 月 1 日
13	渔业法(2013 年修正)	全国人大常委会	2013 年 12 月 28 日

(二)旅游发展和风景名胜区制度

旅游业与政治、经济、社会文化、环境、教育、生态及美学等均有交集。国际上公认的一种观点是,旅游业是可持续发展的产业,发展旅游业是各历史文化名城保护和可持续发展的首选。旅游业的发展也能够为历史文化名城保护注入持续活力。《旅游法》和国务院《风景名胜区条例》确立的各项制度,也是历史文化名城保护制度体系的一个重要组成部分。

1. 为了促进旅游业发展,国家确立了 5A 级景区评定制度。2006 年“国家 5A 级旅游景区”评定工作正式启动。5A 级景区创建完成后,可以带动当地旅游业的发展,各地争创 5A 的热潮持续高涨。申请5A级景区对于历史文化名城的保护则是有利有弊的。由于5A级景区的评定标准主要以旅游业的发展和游客满意度为指引，其对历史文化名城建设中交通、公共卫生设施配备等旅游相关指标均提出了更高的要求，对于城市现代化、促进文明城市建设显然具有积极的意义。但同时，由于以旅游为导向，其目标中就比较少考虑保护的内容，比如交通建设是否会对历史文化名城城市风貌产生影响，是否会破坏城市结构、传统建筑等；所以如果以景区创建为导向，则与历史文化名城的主要价值可能产生冲突。同时，旅游主管部门对5A级景区管理中的指标要求和管理要求，也与一些宗教场所、文物保护单位自身管理体制相冲突，西园寺退出4A级景区就是一例。辩证地看待历史文化名城保护和5A级景区创建之间的关系，旅游业的发展与历史文化名城才能持续同步发展。

2. 我国拥有大量风景优美的名山大川，但长期疏于管理，风景名胜区制度建立后，将其资源整合，发挥效用。

在名城保护中，风景名胜区制度显然对早期的保护起到了推动和促进作用。以苏州为例，苏州名城保护范围内目前存在寒山寺和盘门两大风景名胜区。寒山寺风景名胜区成立较早。1986年8月11日，经国家旅游总局和省建委批准，寒山寺景区开始建设。1990年，苏州市寒山寺风景名胜区管理委员会成立，下设“苏州市寒山寺风景名胜区管理处”，负责景区的日常保护建设与管理。1992年3月6日，省政府将寒山寺列为省级风景名胜区。由于寒山寺风景名胜区的建立，地方政府可以得到国家旅游局的资金支持，对早期的历史文化名城保护是具有积极意义的。但风景名胜区制度与既有的其他山林、湖泊、农田等保护制度之间存在交叉和冲突，与历史文化名城保护制度也并非协调一致，因此名城保护更多还是借鉴风景名胜区制度的优势。

（三）历史文化名城的产业规划制度

历史文化名城由于保护的需要，除对产业大方向进行选择外，对于具体产业的选择也是需要重视的。随着历史文化名城的保护和旅游业的发展，产业选择的成功与否，也决定了历史文化名城保护的质量和旅游发展的品质。

1. 产业引导

随着旅游业的发展，历史街区的商业低端化是普遍现象。去过各地古镇旅游的人大多会有这样直观的印象：虽然古镇风光各有特色，但不同古镇的特色纪念品却大同小异。以江浙的水乡古镇为例，丝绸、蹄髈、袜底酥之类的传统纪念品都差不多。这和当地的风俗相近、农业社会产品类型的单一不无关系。商业低端化出现的另外一个原因就是，低端化商品大多不需要太多的固定成本，毛利率较高，比如鸡爪、臭豆腐；但环境污染较为严重，苏州平江路就曾经出现了“鸡爪一条街”的状况，给游人留下了不好的印象。在名城保护的前提下，历史文化街区传统风情营造的重要性远大于商业化氛围的营造；在商业业态管理中要重视商业的低端化、同质化倾向，不能任由商业业态低端化的倾向蔓延，因为这从根本上不符合历史文化名城保护的目标。

2. 各类手工业、服务业的规范和引导

随着苏州古城内工业的退出，一些小餐饮服务、废旧物资回收、小五金加工、农副产品交易行业填补了产业转移留下的场地和产业空白。但这些行业大多存在产业低端、污染严重、对环境卫生破坏较大的问题，对历史文化名城的形象和保护破坏较大。"四类行业"整治，就是在这一背景下开展的一项整治活动。阶段性整治的作用虽然非常明显，但对于社会的冲击比较大。产业业态都是经过长期的进入、培育和发展而来，也与城市生活息息相关，就像小餐饮突然全部关闭，将会给市民生活带来巨大的不便。

从上文的论述可以看到，历史文化名城保护往往是不同制度体系交织而成的。这些制度体系的内容，大多可以通过城市总体规划和相关专项规划的规定统一于规划保护体系，所以在本书中并没有将这些制度作为单独的制度体系进行论述。由于每套制度体系从中央到地方并非由同一部门主导，所以这几套制度体系之间的衔接并非十分契合，这也给历史文化名城保护实践带来了一些困惑。

（四）历史文化名城保护的管理制度

1. 历史文化名城保护的中央与地方分工

从《文物保护法》《国务院名城保护条例》等法律法规的规定看，在名城保护领域中央和地方存在明确的分工分权（见表 4 - 2）。

表4-2 名城保护中央和地方分工情况

项目	国家	地方
历史文化名城认定	1.国务院建设主管部门会同国务院文物主管部门组织论证,提出审查意见 2.国务院批准公布	省级人民政府提出申请
主管部门	国务院建设主管部门会同文物主管部门负责全国历史文化名城的保护和监督管理工作	负责本行政区域历史文化名城的保护和监督管理工作
	国务院文物行政部门主管全国文物保护工作	地方各级人民政府负责本行政区域内的文物保护工作
资金安排	给予必要的资金支持	根据本地实际情况安排保护资金,列入本级财政预算
保护规划	国务院建设主管部门会同文物主管部门对保护规划实施情况进行监督检查	组织编制保护规划,由省、自治区、直辖市人民政府审批
政府保护责任	不履行监督管理职责,发现违法行为不予查处或者有其他滥用职权、玩忽职守、徇私舞弊行为,构成犯罪的,依法追究刑事责任;尚不构成犯罪的,依法给予处分	市、县人民政府保护不力,上级人民政府通报批评,直接负责的主管人员和其他直接责任人员给予处分
文保经费	国家用于文物保护的财政拨款随着财政收入增长而增加	将文物保护事业纳入本级国民经济和社会发展规划,所需经费列入本级财政预算
文物认定	按保护等级分类保护	按保护等级分类保护
文物出境	国务院文物行政部门指定的文物进出境审核机构审核	
考古发掘的单位	国务院文物行政部门批准	

从法律、法规规定和新中国成立70多年的名城保护情况看，中央和地方在名城保护问题上的分权相对清晰，在行政管理方面，许可权、认定权大多集中在中央主管部门，地方负责具体的保护工作；在资金拨付方面，地方财政将保护资金纳入财政预算，中央财政以各类基金形式拨款作为补充。所以历史文化名城的整个保护权力和保护职责划分中，中央主导的成分还是居多，但地方承担了主要的保护经费这块内容。地方政府和规划、文物等主管部门进行具体的保护工作。这一制度设定，明确了历史文化名城保护重要制度的主要实施者是文物和规划主管部门，显然和历史文化名城保护的制度体系中包括旅游、风景名胜区保护等各项制度的制度体系设定不一致。说明在名城保护的主流保护体系中，没有对其他部门的职责加以确认。在历史文化名城的管理职责中，需厘清职能，分清主次。对历史文化名城保护相关职能部门的管理权限、责任全面厘清，进一步明确责任主体，完善市、区、街道三级管理模式，将市政府和部门的职责落实到辖区和街道，由基层政府履行属地管理职责，对整体保护具有重要的意义。

2. 历史文化名城执法制度

历史文化名城保护正式制度得以在实践中得到遵从，除了使成员自觉遵守相关的制度规定，必要的强制措施也是不可少的。法律的强制力是法律施行的保障。从历史文化名城保护来看，必要的强制措施，是引导居民和外来人口尊重历史文化名城发展、自觉参与和遵守历史文化名城保护规定的必要手段。从处罚内容看，与历史文化名城保护直接相关的处罚设定主要体现在《文物保护法》《国务院名城保护条例》等法律、法规和名城地方性法规（见表4－3）。

表4－3　名城保护处罚内容

处罚事项	法律、法规
对严重破坏名城的布局、环境、历史风貌等的处罚	《文物保护法》第69条
对破坏名城行为的处罚	《国务院名城保护条例》第41条
对个人破坏历史建筑的处罚	《国务院名城保护条例》第42条
对擅自拆除、损坏、迁移历史建筑的处罚	《国务院名城保护条例》第43条、第44条
对擅自设置、移动、涂改、损毁标志牌的处罚	《国务院名城保护条例》第45条
对破坏历史文化名城文物的处罚	《文物保护法》第64～68条、第70～78条

历史文化名城的执法制度，对于制止名城破坏行为、维护名城保护成果具有重要的意义。我国传统的执法主体的设定中，每个部门都有自己的一支执法队伍，从上到下又各有体系，职责不明、权限冲突的现象比较严重（见图4－7）。近年来，国家开展了综合执法改革，这对于历史文化名城来讲无疑是一个福音。历史文化名城由于其保护对象的综合性，其保护执法不仅要从全局出发，注重对名城整体环境风貌的保护，也应该注重对个体建筑物、构筑物等具体保护对象的保护，而在历史文化名城保护区成立综合执法能有效地将整体与部分相统一进行保护。改进历史文化名城的行政组织形式和执法方式，构建精简有效能的

综合执法体系，是历史文化名城保护中必不可少的一个重要环节。苏州市在历史文化名城的执法中，已经在姑苏区成立综合执法局，全面开展历史文化名城的综合执法活动，取得了良好的效果。

对撤销历史文化名城、历史街区称号的处罚	•国务院 •省、自治区、直辖市人民政府
对历史文化名城内破坏行为的处罚	•规划行政主管部门
对行政机关未履行历史文化名城保护的行政责任	•市、辖市（区）人民政府 •行政监察部门

图4-7　历史文化名城保护的执法主体规定

（五）城市更新制度

城市就像一个有机体，不断需要进行自我更新和完善；城市更新是一个长期、持续的过程。历史文化名城由于保护的要求，在保护区域内难以通过大拆大建的手段实施城市快速重建，城市更新是历史文化名城进行城市改造、提升城市功能和改善人民群众生活的主要手段。在名城保护的价值核心的统领之下，历史文化名城城市更新严格受到制度的约束，保护制度对古城内新建、改建、扩建房屋进行了明确的限制，规范了古城内的建设程序，限制了城市更新的随意性。因此历史城市的更新难度和复杂程度均高于其他类型的城市，笔者参考了国际上几个城市的更新范例，对城市更新的做法进行一些提示。

国外开始历史城市保护的时间较早，而早期的欧洲各国名城保护实践也是结合城市更新开展的。“二战”后，欧洲很多城市功能都不断衰落，很多城市通过城市更新实现了城市功能的再造和历史城市的复兴，在历史城市更新方面具有比较完善的实践经验，可供我国的历史文化名城保护合理借鉴。

1. 罗马

意大利城市更新的一个特点就是保护法律规范和规划引领。意大利《文化和自然遗产法》规定不得擅自改造和拆除有价值的文物。意大利《文化和景观财产法典》(2004 年)对城市总体规划和专项规划进行控制。以首都罗马的城市更新为例，罗马的总体规划对罗马的城市更新方向作出了规范，罗马被设定为一个有限增长的城市。在发展中，不仅要利用其“条条大路通罗马”时期历史中心的城市定位，也要利用分布广泛的、在世纪之交逐渐成形的城市肌理的潜力。罗马总体规划放弃了传统的功能区划方法，采用互为交织的城市网络结构体系方法。现有的城市网络被划分为三类：历史城区、整治过的城区和待更新的城区。根据新规划布局，市域范围内，历史城区约占 6%，整治过的城区占 13%，待更新城区占 6%，其余为未来的城市网络。在历史城区和格局已经稳固的城区中仍然允许直接干预(规划预料之外的干预计划)的存在。

2. 马德里

西班牙马德里的城市更新也具有自身的特色。由于城市发展和人口向城市流动，马德里的旧城区越来越拥挤。在此情况下,马德里通过一般城市规划计划(PGOUM),对不合格房屋(指面积小于25平方米且/或不提供基本服务,如水、浴室、照明、通风等的单元)进行整体改造。该改造计划由市政住房公司(EMV)领导,该公司是城市规划部的一部分。同时,马德里的城市更新运用了欧洲区域发展基金等基金投入改造;尽管该基金最初并非为城市复兴而设计,但却被用来资助在拉瓦尔建立兰布拉大道。马德里城市更新项目的灵活性和资金来源的多样性值得国内城市更新酌情借鉴。

3. 东京

日本是世界范围内城市更新比较成熟的国家。以1969年颁布《城市再开发法》为开端,东京的城市更新形成一套城市公共利益、开发商和普通居民三方均受益的模式。东京秋叶原、日暮里站等地区的改造,都遵循了产业为先导的原则,很好地保持和创设了当地的传统文化和地方特色。日本在城市更新方面的制度有其自身的特色。2002年4月,日本出台《都市再生特别措施法》,是日本目前城市更新的总体依据;2005年、2010年两次修订、完善后,构建了具有日本特色城市更新理念。《都市再生特别措施法》第1条就明确了城市更新是为了促进经济转型发展和人民美好生活的立法目的,以及应对快速信息化、国际化、少子化和人口老龄化等社会经济状况的变化的背景。在名城保护与更新的关系方面,《都市再生特别措施法》没有去具体表述历史城市更新的方法和注意事项,而是规定了一套历史风景名胜修缮规划认证申请程序的特别规定。该法第3节第10

款规定,城市更新计划,除需要按照文保相关法律的规定提交历史风景名胜维护和改善计划外,并同时将副本送交文部科学大臣和农林水产大臣。这种将文物保护法律程序植入城市更新的制度设定,对城市更新中涉及历史建筑保护的情况进行规范的立法方法值得我国城市更新制度规范中借鉴和运用。

如何在城市更新中加强历史文化保护,从我国北京、西安、上海等地已公布的城市更新条例规定并参考上述国际城市更新的做法可以看出,城市更新需要符合下列原则:

1. 保护规划的主导作用和政府的方向把握

历史文化名城的保护规划显然是历史文化名城更新的纲领性文件;无论是政府主导的片区更新还是居民自发的改造,均需要符合规划要求,方可进行。在当前各地为了名城保护而进行的城市更新中,地方政府发挥着至关重要的作用。政府要牢牢把握旧城改造的方向,不能让一些名为更新实为房地产开发的建设活动破坏城市风貌。历史文化名城的城市更新,是在各级住建、文物、国资等部门间的沟通协作、全力配合下才能开展的工作;没有地方政府的牵头和引领,就难以解决居住解危修缮和文物保护要求之间的矛盾。

2. 摸清家底、分类处置

各名城应当摸清历史城区内的历史文化遗产价值,在保护基础上加强对各类历史文化遗产的研究工作,多层次、全方位、持续性挖掘其历史故事、文化价值、精神内涵。通过智慧城市系统进行全方位整合。对文控保建筑的安全隐患依据危险程度分类进行处置,以保护性修复为主,街坊改造以改善居民生活条件为前提,同时也要按照历史建筑的现状和保护的紧迫性进行排序。对于其他项目,则以城市产业转型和提升城市功能为目标,按街道片区为单位,规划好产业发展路径,才能解决城市更新后期自我造血功能问题。名城保护与城市更新的方案有机结合,能够通过城市更新促进文化保护,彰显文化内涵。否则,城市更新也就停留在旧城改造的层面,无法取得促进经济发展、改善民生的实际效果。

3. 在保护上重视整体设计和片区化功能提升

目前,苏州市老菜场更新的“集市模式”被收录至住房和城乡建设部《实施城市更新行动可复制经验做法清单(第一批)》。以“集市模式”改造得最为成功的双塔市集为例,其改变了生鲜市场的定位,也符合现代商业多业态、重体验、综合体的发展方向,体现了苏州传统文化和现代元素的结合,成为网红景点。但其周边环境与其城市综合体的定位却是不一致的,如停车场不足、周边也未形成一体化可以旅游的全域场景。所以在城市更新中,应当以片区为单位规划文化保护,让各类历史文化遗产,成为片区城市更新的亮点,真正做到移步换景、一步一景的城市综合发展模式。

4. 鼓励社会资本参与

城市更新的目标之一就是提升城市品质,全方位提升居民生活质量、人居环境质量和城市竞争力。因此,在城市更新中要保护传统文化,也应当加强社会公众的参与。一方面,是普通市民对城市更新方案中涉及历史文化保护事宜的参与。普通市民特别是文保建筑、传统民居中居住的居民应当有渠道对城市更新方案提出意见建议,并且在保护更新中应当注重对这类群体的利益保护。另一方面,应当鼓励普通市民通过自行改造的方式参与到城市更新中去,并依法依规对积极参与自行改造和历史文化遗产保护的居民给予物质和非物质的奖励。城市更新中,在保护措施上,针对古城区内房屋间距受限、容积率无法提高等特点,可以借鉴上海"组合供地、容积率奖励"等措施,平衡保护改造的成本,鼓励社会资本参与更新。

5. 充分运用现代化技术手段

城市更新中,可以通过信息化手段,促进古建筑老宅活化利用。对古城保护中涉及的古建筑等物质文化遗产的产权状况、保护等级和保护现状及数字化状况进行基础调研,通过数据分析对城市更新中古建筑老宅的保护、利用方式给出合理化建议。也可以利用新材料、新工艺,在保持传统风貌的基础上,实现传统与现代的结合。

本书对城市更新相关具体可借鉴制度进行梳理,城市更新政策制定时可以作相应的借鉴。国家相关规定主要是住房和城乡建设部办公厅《关于开展第一批城市更新试点工作的通知》、住房和城乡建设部《关于在实施城市更新行动中防止大拆大建问题的通知》、住房和城乡建设部办公厅《关于在城市更新改造中切实加强历史文化保护坚决制止破坏行为的通知》,各地城市更新具体制度详见表4-4。

表 4－4　各地城市更新具体制度

保护内容		规范性文件及相关规定
保护主体	区政府主导	《上海市城市更新条例》第 4 条　市人民政府应当加强对本市城市更新工作的领导。 市人民政府建立城市更新协调推进机制,统筹、协调全市城市更新工作,并研究、审议城市更新相关重大事项;办公室设在市住房城乡建设管理部门,具体负责日常工作。 第 6 条　区人民政府(含作为市人民政府派出机构的特定地区管理委员会,下同)是推进本辖区城市更新工作的主体,负责组织、协调和管理辖区内城市更新工作。 街道办事处、镇人民政府按照职责做好城市更新相关工作。
	统筹主体	《上海市城市更新条例》第 6 条　区人民政府(含作为市人民政府派出机构的特定地区管理委员会,下同)是推进本辖区城市更新工作的主体,负责组织、协调和管理辖区内城市更新工作。 街道办事处、镇人民政府按照职责做好城市更新相关工作。
保护原则	原址保护	《深圳经济特区城市更新条例》第 56 条第 2 款　对于城市更新单元内保留的文物、历史风貌区和历史建筑或者主管部门认定的历史风貌区和历史建筑线索等历史文脉,应当实施原址保护。
	按照文物保护相关法律予以保护	《西安市城市更新办法》第 9 条　已公布为文物保护单位,或者登记为不可移动文物的建筑物、构筑物等,在城市更新活动中应严格按照文物保护法律、法规的规定予以保护。 城市更新范围内涉及优秀近现代建筑和历史文化街区、名镇、名村的,城市更新工作应当符合有关法律、法规和保护规划的要求,不得损害历史文化遗产的真实性和完整性,不得对其传统格局和历史风貌构成破坏性影响。

续表

保护内容		规范性文件及相关规定
保护原则	活化利用	《深圳经济特区城市更新条例》第11条　城市更新应当加强对历史风貌区和历史建筑的保护与活化利用,继承和弘扬优秀历史文化遗产,促进城市建设与社会、文化协调发展。 城市更新单元内的文物保护工作,应当严格执行文物保护相关法律、法规规定。
	"留改拆"并举,以保留为主	上海市人民政府印发《关于坚持留改拆并举深化城市有机更新进一步改善市民群众居住条件的若干意见》的通知
保护规划	城市更新应当制定专项规划	《辽宁省城市更新条例》第6条　城市更新主管部门应当会同有关部门编制城市更新专项规划,明确城市更新总体目标、重点任务、实施策略和保障措施等内容。城市更新专项规划应当符合国民经济和社会发展规划、国土空间规划,统筹安排城市空间、资源、环境、人力资源等要素。 城市更新专项规划报本级人民政府批准后实施。经依法批准的城市更新专项规划,未经法定程序不得调整。
	更新与历史保护规划融合	《辽宁省城市更新条例》第20条第1款　省城市更新主管部门应当会同文化和旅游部门编制本省城乡历史文化保护传承体系规划,将历史文化资源的有效保护和合理利用,与城市规划设计、改善生态环境和保障生活需求相结合。
	注重历史风貌保护和文化传承	《上海市城市更新条例》第12条　编制城市更新指引应当遵循以下原则:……(四)注重历史风貌保护和文化传承,拓展文旅空间,提升城市魅力。……
保护措施	分类措施	《深圳经济特区城市更新条例》
		北京市人民政府《关于实施城市更新行动的指导意见》(老旧小区改造)

续表

保护内容		规范性文件及相关规定
保护措施	改建禁止	《西安市城市更新办法》第9条　已公布为文物保护单位，或者登记为不可移动文物的建筑物、构筑物等，在城市更新活动中应严格按照文物保护法律、法规的规定予以保护。城市更新范围内涉及优秀近现代建筑和历史文化街区、名镇、名村的，城市更新工作应当符合有关法律、法规和保护规划的要求，不得损害历史文化遗产的真实性和完整性，不得对其传统格局和历史风貌构成破坏性影响。
	土地政策	容积率奖励：《上海市城市更新条例》第41条第3款　城市更新涉及旧区改造、历史风貌保护和重点产业区域调整转型等情形的，可以组合供应土地，实现成本收益统筹。第43条第2款　城市更新因历史风貌保护需要，建筑容积率受到限制的，可以按照规划实行异地补偿；城市更新项目实施过程中新增不可移动文物、优秀历史建筑以及需要保留的历史建筑的，可以给予容积率奖励。
		带方案出让：《青岛市人民政府关于推进城市更新工作的意见》历史文化街区、历史建筑更新政策。涉及历史文化街区、历史建筑的，遵循保护优先、合理利用的原则，严格按照有关法律法规规定实施更新。更新方式以综合整治和功能调整为主，原则上不得擅自迁移或拆除。历史文化街区、历史建筑的更新项目用地，可带建筑和保护方案公开招拍挂出让，其中采用招标方式的，可按照综合条件最佳者获得的原则确定受让人。
	更新资金	明确各类改造的资金承担方式：《北京市人民政府关于实施城市更新行动的指导意见》 1. 城市更新所需经费涉及政府投资的主要由区级财政承担，各区政府应统筹市级相关补助资金支持本区更新项目。 2. 对老旧小区改造、危旧楼房改建、首都功能核心区平房（院落）申请式退租和修缮等更新项目，市级财政按照有关政策给予支持。 3. 对老旧小区市政管线改造、老旧厂房改造等符合条件的更新项目，市政府固定资产投资可按照相应比例给予支持。 4. 鼓励市场主体投入资金参与城市更新；鼓励不动产产权人自筹资金用于更新改造；鼓励金融机构创新金融产品，支持城市更新。

续表

保护内容		规范性文件及相关规定
保护措施	更新信息	《上海市城市更新条例》第10条　本市依托“一网通办”“一网统管”平台，建立全市统一的城市更新信息系统。 城市更新指引、更新行动计划、更新方案以及城市更新有关技术标准、政策措施等，应当同步通过城市更新信息系统向社会公布。 市、区人民政府及其有关部门依托城市更新信息系统，对城市更新活动进行统筹推进、监督管理，为城市更新项目的实施和全生命周期管理提供服务保障。
	制定实施方案	《西安市城市更新办法》第19条　纳入年度实施计划的城市更新片区，由所在区县人民政府、开发区管理委员会组织制定实施方案。 第20条　实施方案应当包括基本情况、实施主体、可行性分析报告、规划设计方案、产业定位、建设运营方案与实施计划、社会稳定风险评估报告及资金来源等内容。 涉及文物保护单位、不可移动文物及其他各类历史文化遗产类建筑、优秀近现代建筑、工业遗产保护类建筑，历史文化街区、名镇、名村的，实施方案还应包括保护方案与实施计划。 第21条　编制实施方案应当经组织专家论证、征求意见、公众参与、部门协调。
	风貌管理	《辽宁省城市更新条例》第22条　市、县城市更新主管部门等有关部门应当按照国家有关规定……(二)严格控制生态敏感、自然景观等重点地段的高层建筑建设。不在对历史文化街区、历史地段、世界文化遗产以及重要文物保护单位有影响的地方新建高层建筑；不在山边水边建设超高层建筑；不在老城旧城的开发强度较高、人口密集、交通拥堵地段新建超高层建筑；不在城市通风廊道上新建超高层建筑群。城市桥梁应当符合规划要求，与周围环境和景观相协调。……
	历史建筑维修(上海)	《上海市城市更新条例》第34条　在优秀历史建筑的周边建设控制范围内新建、扩建、改建以及修缮建筑的，应当在使用性质、高度、体量、立面、材料、色彩等方面与优秀历史建筑相协调，不得改变建筑周围原有的空间景观特征，不得影响优秀历史建筑的正常使用。

第二节 历史文化名城保护非正式制度体系

一、历史文化名城的公众参与制度

公众参与是“民主思想”的产物。[①] 作为一种行之有效的民主形式,20 世纪 90 年代公众参与概念传入我国后迅速为我国学术界和政界所接受。在名城保护领域,在政策制定、城市规划、遗产保护等方面,公众参与都已深入人心。从苏州的经验来看,公众参与的主体包括个人、社会精英、企业、非政府组织等,名城保护发展的过程也是公众参与保护不断深化的过程。目前从国家到苏州各级法律、法规和规范性文件中,有很多关于鼓励公众参与的表述(见表 4 –5)。

表 4 –5 国内法律、法规和规范性中关于公众参与的表述

法规	内容
《中华人民共和国文物保护法》(1982 年)	对“为保护文物与违法犯罪行为作坚决斗争的”以及“在文物面临破坏危险的时候,抢救文物有功的”单位和个人,国家给予奖励
国务院《关于进一步加强文物工作的通知》(1987 年)	1. “贯彻执行《中华人民共和国文物保护法》,必须依靠广大人民群众” 2. “要全社会提倡‘保护文物、人人有责’的新风尚” 3. “把执行党和国家保护文物的政策变为广大群众的自觉行动”

① 阳建强:《现代城市更新运动趋向》,载《城市规划》1995 年第 4 期。

续表

法规	内容
国务院《关于加强和改善文物工作的通知》(1997年)	保护是利用的前提,“要发动、组织人民群众参与文物保护工作”,建立国家保护为主并动员全社会参与的文物保护体制
国务院《关于加强文化遗产保护的通知》(2005年)	1.“着力解决物质文化遗产保护面临的突出问题” 2.“相关重大建设项目,必须建立公示制度,广泛征求社会各界意见”
《历史文化名城名镇名村保护条例》(2008年)	历史文化街区保护范围内的有关建设应当经过专家论证、举行公示或听证的程序,征求公众意见
国务院《关于进一步加强文物工作的指导意见》(2016年)	1.“指导和支持城乡群众自治组织保护管理使用区域内尚未核定公布为文物保护单位的不可移动文物” 2.“鼓励向国家捐献文物及捐赠资金投入文物保护的行为” 3.对社会力量自愿投入资金保护修缮不可移动文物的,可依法给予一定期限的使用权 4.“鼓励民间合法收藏文物,支持非国有博物馆发展” 5.“制定文物公共政策应征求专家学者、社会团体、社会公众的意见,提高公众参与度,形成全社会保护文物的新格局”
《苏州国家历史文化名城保护条例》(2018年)	1.市人民政府设立专家咨询委员会 2.“对属于保护规划、确定历史地段和传统民居保护名录等方面的重大事项,应当邀请专家和公众参与听证”

通过上文可以看出,目前公众参与名城保护的渠道一般包括正式渠道和非正式渠道两种。

通过正式渠道参与的公民一般认为自己能够影响地方政府的决策,是保护政策制定的参与者。在苏州保护过程中,很多决策都是由市人大、政协提出议案后启动的,如苏州名城条例的制定,就是由多次人大代表提出议案后启动的。市民通过当选人大代表、政协委员的方式获取建言献策的正式渠道,是因为市民认为通过人大代表和政协委员提案,可以通过自身的呼吁和努力,改变政府决策。另一种正式渠道的公众参与,就是政府主导下的公众参与,比如在城市遗产保护规划的编制和社区住房改造方面,通过听证会形式听取公众意见,下文提及的"片区规划师"等。在正式渠道参与上,应当畅通正式参与的渠道,除了市人大、政协这些参政议政平台外,还要拓宽渠道,在具体保护措施的制定上,具体保护项目的选择、实施中也能够让公民参与其中。

公民有历史文化名城保护的初心和专业,但缺乏加入正式渠道的途径的,则会通过很多非正式渠道参与名城保护。公众参与的非正式渠道包括以下多种:一是居民对于城市历史文化名城采取的自发性保护行为,如对自用住宅的维修和改建,社区或街道居民共同集资整治市政设施和恢复住区周边环境。二是居民通过结成社团参与名城保护,如各种昆曲社、评弹曲社等。三是各类保护性的协会,如亚太古建筑保护协会等,这些为了某种目的而结成的社团,可以增强参与的力度和能力。非正式渠道的参与形式多样,而影响力各不相同,但总体上对名城保护具有正向的积极意义。

综上,这些参与既有对名城保护有利的参与,也有对名城保护具有破坏性的参与如自建住房可能破坏城市风貌。所以在参与制度的设定上,要厘清参与的边界,区别个人的自身利益和名城的共同利益,形成政府主导、专家论证、群众参与的历史文化名城保护新模式,使历史文化名城保护的措施更为丰富,保护实践更为立体。要加强市民对历史文化名城保护的教育,提高市民保护的理念和对保护手段的认识,增强市民自发参与历史文化名城保护的能力。

二、历史文化名城保护专家参与制度

古城整体格局、传统风貌及优秀传统文化、技术的保护和传承,需要有领域内专家的参与。专家(有专业背景的精英)参与国家遗产管理具有得天独厚的优势,其意见的专业性和客观性也是能够左右政府决策的关键因素。法国在国家层面上设立国家建筑师制度,国家建筑师有权批准或否决保护街区内的建筑改造工程、新建工程。我国在古城保护方面聘请专业人士参与和积极引入公众参与的制度一直存在,这也是民间力量介入古城保护的重要途径。

(一)名城保护中的专家咨询制度

以苏州为例,名城保护专家参与是一项正式制度,在苏州的名城保护过程中发挥了重要的作用。现行苏州名城保护条例中,明确规定了专家咨询委员会的地位。苏州自 1950 年就组建了文物保管会;20 世纪 80 年代历史文化名城保护制度确立之初,专家委员会制度就得以恢复。在长期的保护实践中,专家学者参与规划制定已成为惯例。有些规划直接委托专家进行编制,如苏州的街坊划分、街坊规划等均是在各高校专家的协助下完成的;这成为苏州行政决策过程中的优良传统和惯例。专家学者主要从以下几个方面参与名城保护:

第一,参与历史文化名城保护政策的制定、保护规划的编制,对历史文化名城保护重大项目的开展进行论证。专家参与规划制定保障了规划的科学性。每一次苏州历史文化名城保护规划,均需要经过多轮的专家论证,街坊规划和城市设计也需通过专家论证。在历史文化名城保护中,专家参与城市规划,为历史文化名城保护的顶层设计指明了方向;在规划控制下,建设行为都受到控制性规划的限制,保证了历史文化名城保护政策的连续性。

第二,参与古城保护有关项目的前期设计过程,帮助项目实施主体审核规划设计方案内容,参与古城保护有关项目设计方案的落实把控,跟踪施工过程及时发现问题并提出应对建议。

第三,组织开展历史文化名城文史资源与地情地貌等基础调研和相关规划的社会征询工作。

第四,积极参与名城保护相关重大课题论证研究工作,为名城保护建言献策。专家学者有着名城保护某一方面深厚的专业背景,一端连接着保护的一线实践,另一端连接着政府决策,在历史文化名城保护这种专业性很强的制度决策中,起着举足轻重的作用。对名城保护中的重大问题进行专家决策,也是苏州保护的惯例。

第五,积极参与古城保护专业技术人才和相关管理人才的培训工作。前文阐述的姑苏区实行的片区规划师制度,就是借鉴国外经验而设定的专家参与制度,在实践中也产生了良好的效果。

(二)片区规划师制度

片区规划师制度源于欧洲,其理念就是认为片区内的规划是具体的,应当一事一议。在一个片区内,由专家学者、各类专业人士和市民等社会各界人士组成的片区规划师队伍,除参与片区的日常调查外,还要参与责任片区内古城保护项目的调研论证、方案把控、过程跟踪等工作,确保片区内的建设符合名城保护规划的要求,可以有利于片区保护和发展。该制度能够充分发挥不同领域专家和普通市民的所长,为古城保护提供公众支持。

三、传统文化和地方习惯传承

2014 年 2 月,习近平总书记考察北京时指出,历史文化是城市的灵魂,要像爱惜自己的生命一样保护好城市历史文化遗产。这为历史文化名城保护提供了相关遵循依据和重要指引。参考联合国《世界遗产公约》的规定,历史文化名城保护的非正式制度包括地方戏曲、民间表演艺术、传统手工艺及其传承等诸多形式。传承保护当地的传统文化和习惯,能够唤起当地居民的保护意识。在苏州历史文化名城保护历程中,我们看到市民的自发保护有效地保留了历史文化遗存。

历史文化名城保护制度同文物保护制度的目标都是对中华文化、地方文化的传承与发展,但手段有所不同。文物保护更偏重的是保护,通过保留历史遗存而保留历史记忆。而历史文化名城保护的制度内核中包含了发展,需要通过挖掘历史文化,提供展现的平台。一个城市发展千年,早已经形成了当地独特的地方文化和文化精神,可以说文化是城市的根源所在,是城市的灵魂。历史文化名城的原住民的生活习俗、饮食起居都与当地的文化息息相关。所以在历史文化名城保护的具体措施落实时,应当特别关注与当地的文化传统相适应、相一致。在非物质文化的传承中,最常见的错误是居民全面迁出或被迫迁出历史文化名城范围而保留建筑用作旅游发展。这么做相当于将名城变为仅有建筑的死体,与新造一些仿古城镇供游人娱乐休闲并无二致。由于没有了人的传承,即便因旅游保留一些传统文化演出、售卖一些传统工艺产品,但非正式制度已无法得到延续和发展,城市已然失去了灵魂,成为一座空壳。非正式制度的传承与发展,作为历史文化名城保护有益的补充,最终决定了城市文化发展的高度。可以说,城市之间的差异就来自于文化的不同;当城市发展到一定的物质高度,文化就决定了城市向前发展的方向与动力。非正式制度的延续与发展,决定了多大程度上,城市能够保有其个性,应对现代化的冲击而不失去其特性。历史文化名城保护起于文化,而又将不断塑造新的传统文化,使得城市文化绵延流长。